青少年探索文库
QingShaoNian TanSuoWenKu

国外环保故事

李 蕊 编

吉林人民出版社

图书在版编目（CIP）数据

国外环保故事 / 李蕊编. — 长春：吉林人民出版社, 2010.10（2021.3重印）

（青少年探索文库）

ISBN 978-7-206-07071-6

Ⅰ. ①国… Ⅱ. ①李… Ⅲ. ①环境保护－国外－青少年读物 Ⅳ. ①X-11

中国版本图书馆CIP数据核字(2010)第192096号

国外环保故事

编　　者：李　蕊

责任编辑：王　斌

吉林人民出版社出版（长春市人民大街 7548 号　邮政编码：130022）

印　刷：三河市燕春印务有限公司

开　本：700mm×970mm　　1/16

印　张：13　　　　　字数：110 千字

标准书号：ISBN 978-7-206-07071-6

版　次：2010 年 10 月第 1 版　　　印　次：2021 年 3 月第 2 次印刷

定　价：39.00 元

目 录

让舞蹈化为电力

年轻人总是喜欢在工作之余，到俱乐部去放松身心。跳舞、聊天、喝咖啡，好不惬意。与此同时要是还能为环保做出些自己的贡献，那真是一箭双雕，事半功倍啦。英国就有家这样的环保生态俱乐部，深受年轻人的喜爱。这家俱乐部的独特之处就在于，让年轻人在娱乐的同时为俱乐部发电！

这家生态俱乐部位于伦敦的繁华街区，它拥有着神奇的地板，舞者们在舞池里跳舞的同时就可以提供俱乐部 6 成的用电量。音乐响起，人们随着音乐舞动，踩踏的压力产生的能量，会通过地板下面的弹簧和一系列发电装置储存在充电电池中，并最终转化成电能。另外俱乐部的屋顶还装有风轮机和太阳能板，能够利用风力和太阳能发电。这几种发电方式加在一起不仅保证了俱乐部自身的用电，还能免费为其楼上 6 家住户供电。

舞厅的地板上写着“Dance to save the world（跳舞拯救地球)”。当客人畅饮啤酒、情绪高涨地跳舞时，周围众多信息也会时刻提醒客人，“每 10 秒就会有一个孩子饿死”、“每年超过 20 万英亩（8.1 万公顷）雨林被烧”等。俱乐部还大量使用别具匠心的环保设备，新款的节水马桶、自动水龙头以及用聚碳酸酯制成的杯子等，都在点滴细微之中将环保做到了极致。男客在使用卫生间无水小便池时，获知自己正帮助店家每天节省 90 加仑（409.14 升）用水量。女客使用低耗水量马桶时，会看到“为我们生活设立新参数”字样。让这里的每一个顾客都享受着一种成就感和作为人类所共同担负的责任感。

俱乐部另一大特色就是“绿色交通”，这家俱乐部的门票是 10 英镑，约合人民币 135 元。不过，假如顾客能够证实自己是步行、骑车或搭乘公交车前来，则可以免费入场。这样的举措，无疑吸引了更多的年轻人前来。在入场之前，他们还要在一份控制全球气候变化的承诺书上签字。每一个前来的年轻人都在这里受到了一场深刻的环保教育，对环保又有了新的认识。俱乐部的拥有者明确表示，他开设这家环保俱乐部的动机就是想引起年轻一代对气候变暖的关注，他将把俱乐部的部分收入捐给慈善组织，希望以此为环保做出更多的贡献。

环保并不是件难事，生活中的每件事情只要人们稍加用心，就可以达到环保的效果。这家环保俱乐部，为人们提供参与环保行动的机会，让人们认识到原来环保就是如此简单。我环保，我快乐，让更多的人加入环保的行列吧。

神奇的发电跳舞地板第一次与公众见面是在阿姆斯特丹的韦斯特加斯公园。每块地板面积1平方米，内部装配有内置式二极管电灯。

数万名荷兰人在韦斯特加斯公园参加历时24小时的舞蹈马拉松，两人一组轮流在跳舞发电地板上接力跳舞。人们跳舞时产生的能量将被转换成电能，从而点亮安装在地板表面的内置式二极管电灯。这种环保跳舞发电地板由荷兰鹿特丹市德尔设计公司发明。公司发起这场舞蹈马拉松的目的是为了测试这种新产品的性能。

设计公司在活动中测量每个跳舞者的身高和体重。根据这些数据确定一定身高和体重的人在跳舞时能产生多大的能量，从而为开发第二代跳舞发电地板提供参考。

除了跳舞发电地板，公司还将开发靠人们跳舞提供能量的空调和音响。跳舞的人数越多，音响音量就越大。跳舞发电地板前景光明，设计公司与罗马以及伦敦的夜总会商谈相关事宜，他们都希望为其建造一个可持续发展俱乐部。世界各地的企业也与其联系。全世界人们都对这种产品有着浓厚的兴趣。

环保虫虫特工队

了解蚯蚓吗？它可是人类的好朋友。蚯蚓有分解有机垃圾的本领，经过蚯蚓分解之后的食物垃圾，不会产生有害于环境的物质。蚯蚓为环境保护做出了巨大贡献。

这种利用蚯蚓进行垃圾分解的方式出现在南非的一家酒店。这家酒店是当地最古老、也是最豪华的酒店，是众多名人最喜爱光顾的地方。正因如此，它产生的垃圾数量也非常的巨大，于是酒店突发奇想，想通过蚯蚓来分解垃圾中的有害物质，变废为宝。

在酒店总统套房附近的房间中设有一个“蚯蚓农场”。这里的蚯蚓就是人们最为常见的红蚯蚓，最长可达 15 厘米，被养在专门设计的板条箱内。每天酒店把几千公斤的剩菜剩饭和厨房的食物垃圾送到这里，由蚯蚓们吞吃处理。大量的蚯蚓在享受着餐厅的垃圾美食：它们是环境专家请来分解有机垃圾的，还被人们赋予了一个极为有趣的名字——环保虫虫特工队。厨房和餐桌上产生的垃圾会释放出二氧化碳和甲烷，这两样都是使气温升高的温室气体，对全球变暖有着不可忽视的影响。而这些蚯蚓在分散垃圾后，能把垃圾转变为稳定的有机物，还能综合垃圾中的有害细菌，产生有益细菌并增加土壤中氮和钾的浓度。而氮和钾对蔬菜的生长非常有益。蚯蚓是种好吃的动物。它们爱吃快腐烂的食物并且对此很在行。这些蚯蚓胃口大得惊人。除了能吃掉食物垃圾，蚯蚓制造的“副产品”，如排泄物和脱落的表皮，是草坪极好的肥料，会被收集起来施在酒店散养着孔雀的花园中。花园中的土地肥沃，这也都是蚯蚓的功劳呢！于是当每天人们正在享用美餐的时候，蚯蚓们也在角落里享用着它们的美餐。这也已经成为了蚯蚓不可推卸的责任了。别看蚯蚓的外表并不那么赏心悦目，可它们却真的是拯救环境的大功臣啊！

自从酒店每天请来大量的蚯蚓后，难以置信，食物垃圾竟然减少了 70%，而且消除了垃圾的臭味。更重要的是通过这样的方式也减少了温室气体的排放。

不要看不起小小的蚯蚓，或许它能拯救世界呢！

英国科学家在英国一处废弃的矿井中发现了一种能吃金属

的蚯蚓，这种蚯蚓经过了变异，能在被严重污染的有毒土壤环境中生存下来，并吃掉这些污染土壤的重金属。科学家们表示，这些变异蚯蚓将来可以用来清洁那些被污染的工业用地。

科学家们相信，英国废弃矿井中的这些蚯蚓经历了快速的进化和变异，废弃矿井使它们能够在富含重金属的环境中生存，甚至茁壮成长，从而有助于消除工业污染，如矿井、制造厂和铅熔化工厂。研究人员表示蚯蚓每天能吞下自身重量30倍的东西，此次发现的超级蚯蚓能咽下大量的有毒金属，如砷、铅、锌和铯。因此科学家将会饲养和分配这种蚯蚓，将它们放归到被污染的各处土壤中，以除去污染土壤中的重金属。

时髦比禁令有效

“如果您能为环保而放弃爱车一天，这将是多么时髦的事情啊！”这就是意大利人为环保而倡响的口号。每个国家都有为环保而做出的措施和禁令，意大利的时髦环保法则在其中显得格外的特别，但是所取得的效果却非常显著。

意大利的环境问题一度面临着巨大的挑战，因为意大利的汽车数量位于整个欧洲的首位。车多，环境问题自然也多。汽车尾气使意大利的空气质量逐渐下降。为了改变环境状况，起初意大利的环保部门也煞费苦心地想出了很多的禁令。在意大利的多个城市，每个月至少要实行一天的禁车日。在禁车日这一天，所有居民不得使用私家车，出门只能乘坐公共交通工具。在罗马和米兰这样的大城市，已经实行了单双号行车制度，想以此控制进入城区的车辆数量。但是，这样严格的禁车令取得的成效并不喜人，因为再严格的政策，人们也总是能找到对抗的办法。意大利的禁车令有一个例外，就是对市政和电信部门的车辆是不加限制的，因此一些人总是通过在市政、电信部门工作的亲朋好友的帮忙，将自己的车摇身一变成为市政用车和电信用车。即使没有这样的特别牌照，人们也总是能想到投机的办法。意大利的交警是上午10点上班，下午3点下班，中午还有两个小时的时间喝咖啡。摸清时间规律的司机们就会利用这个时间空挡驶入市区，一路畅通无阻。对此，意大利政府也无计可施。由此看来，强制的禁车令并不能被人们接受，要想让人们从心里接受环保，自觉环保，就要打出一张更适合意大利人的环保牌。

意大利人十分喜爱赶时髦，他们愿意为了时髦而做事情，喜欢自由，不喜欢受限制。针对意大利人的这一性格特点，意大利的环保部门就提出了“如果您能为环保而放弃爱车一天，这将是多么时髦的事情啊！”这样的环保口号，让环保变成了一件时髦的事情。一下子引起了意大利人的共鸣，意大利人愿意为了时髦而环保。放弃投机取巧钻空子，人们自觉自愿地搭乘公共汽车，为了净化意大利的空气质量而努力着。现在人们见面时总是要说自己又做了怎样环保的事情，以此为时髦，因此而受人尊敬。看来，限制人们的最好方式就是让其自觉自愿地去遵守，而对于意大利人则是时髦比禁令更有效。

日本出租车的7日禁烟令

一项出租车7日禁烟令在日本首都东京生效。禁烟范围覆盖了东京几乎所有出租车。

为保证出租车司机免受二手烟危害、满足乘客要求，东京两个出租车行业协会制定了此项禁烟令。起因是东京都私营计程车协会收到了许多乘客对出租车内烟味的投诉。于是规定，如果乘客难忍烟瘾，他们可请求司机把车停在安全地带，持车内配备的迷你便携烟灰缸下车吸烟。

西班牙的毛驴重出江湖

用毛驴作为交通工具，那应该是上个世纪的事儿了。可是就在西班牙，为了保护生态环境，毛驴又重新被人们重用。

在马德里郊区一处干燥的林区里，毛驴成了这里的主要交通工具。每年的夏天，天气都非常的干燥，这片林区也极易引起火灾。为了避免森林野火的发生，保护这片绿色生态林，林区的工作人员每年都要来这里为树木剪枝，清除地上的干草，清除倒下的枯木。在以前的工作中，工作人员总是带着最先进的除草机、切割机等现代化的器械，但是这些侵入性的器械同样会给树木带来伤害，破坏这片宁静的生态环境。更何况，有一些死角也是这些器械所不能深入得到的。鉴于这种情况，毛驴成了最好的选择。于是，工作人员们拿起了镰刀，赶着毛驴，进行着环保的重任。不知是从哪一天起，人们会经常看到任劳任怨的毛驴出没在林区周围，成为了载运清除废弃物的交通工具。后来，干旱时节过去了，可毛驴并没有失业，人们渐渐体会到了它的好，由此它就变成了林区工作人员的坐骑，在平时的日子里，工作人员骑着毛驴在林区监察火情。一时间，毛驴成了西班牙环保人士心中的吉祥物。

此时的毛驴还是有别于几十年前的毛驴的，今天的他们更加时尚，也更加现代化了。每一个毛驴身上都配备了 GPS卫星定位系统，如果所到之处发生火灾或者走失，有关单位就可以迅速掌握情况，派出人员赶到现场。此外通过GPS系统，技术员们也可以针对干燥林区的维护和重新栽种情况，拟出精确的草图。

现在，人们总是能在这片林区里看到巡逻的毛驴，它们成为了守卫环境的卫士。西班牙的毛驴正在为环保任劳任怨地做着努力。

在意大利的西西里岛小镇上，也有过用毛驴代替卡车运送垃圾的情况。这样既省钱、省资源，同时也为遏制全球变暖做出了贡献。

意大利的这个小镇上有居民一万多人，他们用6头毛驴代替了原有的4辆垃圾运输卡车，为小镇运送了近140万吨的垃圾。小镇的镇长算过一笔账，一头毛驴的售价是1 200欧元，每年的饲料花费大约在2 000欧元；而一辆卡车的售价约3万欧元，还要加上保养费、维修费以及燃油费。这样对比下来，更清楚地看到了毛驴的好。用毛驴取代卡车既省钱又环保，何乐而不为啊！小镇上的居民都很喜爱这种毛驴运输的方式，并打算长期坚持下去，他们还为负责赶毛驴运垃圾的环卫工人起了一个极有内涵的名字——“生态保护操作员”。相信会有更多的人迷恋上这样的环保方式。

变甘蔗为燃油

巴西曾经历过20世纪30年代的石油危机，因此巴西对实现能源的多元化非常重视。在如今能源危机再次到来时，巴西已经有了一种应对能源危机的有效方法：将甘蔗提炼出乙醇，作为替代型能源。

在巴西有不少汽车是靠燃烧乙醇来获取动力的，这种乙醇就是从甘蔗里面提炼出来的。巴西为了更多地生产这种替代能源，大面积地种植甘蔗，有将近四百个甘蔗种植园。按照这样的生产态势，预计巴西在几年之内就会完全以乙醇取代汽油。现在巴西国内的加油站，有三种能源可供选择：乙醇、汽油、高级汽油。司机们非常钟爱乙醇，不仅因为燃烧乙醇很环保，而且乙醇的价格也要比汽油便宜很多，每公升的汽油价格是95

美分，而每公升的乙醇价格只需要50美分。所以，司机们只有在没办法的情况下才会去加汽油。

这种高科技替代能源的确切名字应该叫纤维乙醇，这种乙醇很神奇，可以从任意一种软植草中提取出来，甚至可以从废纸里提取出来。巴西的乙醇是从甘蔗的秆茎里面提取出来的。经过长期的科学改进，从甘蔗中提炼出的乙醇也已越来越多。乙醇的大量投入应用，也引起了环保车的销售热潮。巴西的汽油车已逐步被环保车所取代。

科学家在巴西发现了一种神奇的橡胶树，只要在这棵树的树干上钻个小洞，就可接到柴油。因而又称之为“柴油树”。

澳大利亚有一种古巴树，每棵每年可获得约25升燃料油，且这种油可直接用于柴油机。

美洲香槐草是产于美国的一种杂草，它生长在干旱和半干旱地区，每公顷土地可以收1 600升燃料油。

一些藻类现在也是产油热点，这些藻类生长繁殖迅速，范围大，燃料油产量也高。如在淡水中生存的一种丛粒藻，它们简直就是产油机，能够直接排出燃料油。

与天毗邻的“空中花园”

传说在古建筑中，有一个美丽的巴比伦空中花园，但那只是为王后一人所建，而如今这与天毗邻的“空中花园”却是为大众造福。最早的绿色屋顶出现在1959年，一位美国的风景建筑师在一座6层楼的顶部建造了一个景色秀丽的空中花园。他在屋顶上敷些薄层土壤，配植乔木、花草，曲折的甬道穿行其间，并设靠椅和小凳供人休憩，颇为怡然自得，为有限的城市空间提供了更多的绿色资源。

此后，屋顶绿化开始呈现出了勃勃生机。许多发达国家在新建建筑群中，从图纸设计时就开始考虑屋顶绿化项目，建筑物的外观结构也向着适于绿化美化的方向发展。在法国、英国、日本、德国、加拿大等国，屋顶绿化已经成为提供城市绿色空间的最有效的方式。

在法国，巴黎一幢幢高楼大厦的平顶上，栽种着各种树木与花卉，令人赏心悦目。有些人为在近千平方米的屋顶建造花园，更是倾注了大量心血，建人造草坪、圆形拱顶小屋，夏天在“空中花园”避暑，冬日则在用白雪装点的圆形拱顶内欢度良宵。

在日本，东京提出了“屋顶绿化设施配备计划”。同时以法律规定，凡是新建建筑物占地面积超过1 000平方米者，屋顶必须有20平方米为绿色植物覆盖，否则要被罚款。通过这一规定的约束，该市屋顶绿化率已经达到14%。

在德国，采取政府与业主共同出资进行屋顶绿化的方法，鼓励屋顶绿化建设和发展。如今，许多楼房的造型及其结构都得到更新，被建成阶梯式或金字塔式的住宅群。这些住宅远看如半壁花山，近看又似斑斓峡谷，令人心旷神怡，美不胜收。

在加拿大，多伦多的公共与工业部门在1999年组织了“为了城市健康的屋顶绿化”活动来提高北美屋顶绿化的水平。更有设计师、建筑师和园艺师打破传统的分工，同心合力，别出心裁，在一座18层的办公大厦中，采用轻型多孔材料，建成了一个集假山、瀑布、水池、草坪、花坛等多种景致于一体的盆景式“空中花园”。

在俄罗斯、意大利、澳大利亚、瑞士等国的大城市，也都有千姿百态、风格各异、风景绮丽的屋顶花园。促进绿色屋顶推广进程的一个重要原因是它能够减弱城市热岛效应。热岛效应的起因之一就是城市之中各种交通道路和普通屋顶会吸收阳光并将光能转化成热能，于是造成了城市中的温度高于周围乡村的温度。当然，在城市中大量运行的空调和各种汽车的发动机产生的热量也加剧了热岛效应。空调只能暂时降低室内温度，但是它向室外空气中排放了更多的热量使热岛效应继续恶化。另外，空调的增加消耗了更多的电能，而且它会排放出更多的温室气体和其他污染物，它们和夏日的高温结合起来，加剧了空气污染，让城市变得烟雾笼罩。科学家说，在屋顶种植天然植被可以协助我们和所有这些不良效应做斗争。

此外，绿色屋顶倡导者还指出了其他潜在利益，比如减少下水排放系统的压力。在夏季时暴风雨过后，过多的雨水无法通过下水系统顺利排放，从而导致了城市里雨水的泛滥，影响了人们正常的工作和生活。有了绿色屋顶，那些以往从规则的屋顶上迅速流下来的雨水会被植物和土壤吸收后消失或者蒸发到空气中。绿色屋顶在各个季节吸收降水的能力有所不同，夏季将近100%的降水能够被吸收，春季和秋季的吸收率有40%-50%，而冬天只有10%-20%的降水被吸收。

如果技术的进步能够进一步降低绿色屋顶的造价，如果更多的房产商和住户具有环保意识，如果有更多的绿色屋顶出现，那么，城市将变得更绿、更美，城市的夏天将变得更凉、更爽。

拒绝电子邮件的理由

恐怕大多数人都很难将互联网与环境污染联系起来，然而事实上电子信箱留下的“垃圾效应”远远超出了人们的想象。

电子信箱作为网络时代的一个重要产物，不断为我们迅速地传送信息的同时，也消耗了很多的能量，制造了很多的垃圾。在计算机上建立一个文件，并对其进行加工处理，然后用互联网发送，需要消耗相当于半公斤煤炭所转换的能量。而煤在转换电能时会释放出产生温室效应的二氧化碳气体，这就是说，不只是电子信箱，各种各样的网站、论坛等，都会使得电脑、打印机对气候造成不利影响的同时，也耗用着超乎想象的能量。

例如，美国用于互联网的电能消耗占全美总发电量的10%。

预计到2010年，互联网的电能消耗将增加到其总发电量的30%。从世界计算机发展情况看，不久的将来，互联网将成为全球最大的电老虎。为了维持全球电脑运行，人类每年会增加向大气层排放大约3 500万吨废气，电脑对环境的影响不亚于飞机。因使用信息技术设备增排的二氧化碳量占到人类二氧化碳总排放量的2%左右。

此外，各种电器消耗的能量也是十分惊人的。如今，各网络公司纷纷为用户提供全天候服务，想方设法鼓励用户多上网。网民一旦着迷，往往不会考虑节能问题。据统计，德国家庭每年要为待机状态的各种电器多支付200马克的电费。考虑到环境问题，网民在上网时也要网上留情。英国政府准备发起一项行动，控制电脑等信息技术设备造成的“电脑加温”现象。与此同时，英国健康保护局也将开始检测无线局域网系统的辐射水平。

面对互联网带来的环境危机，人们也开始意识到大量的互联网使用已经给人们的生活带来了隐患，大量电能资源的流失、温室气体排放量的增多，甚至是对人们身体健康的威胁。这些都足够引起人们的高度重视，成为拒绝电子邮件的理由。当不用电脑的时候请及时关闭它，能够用其他方式解决的问题请尽量避免电脑的使用。

让饮料包装去去再来

选择易拉罐饮料，还是玻璃瓶饮料，这是一个人的自由，却也能从中体现一个人的环保意识。德国为了减少包装垃圾，已对所有售出的饮料实行收取包装押金的制度，为的是让人们返回空饮料瓶子，实现饮料包装的循环利用，减少一次性饮料包装带来的污染和支出。为了执行这项规定，德国的商家们需要投资40亿马克添置饮料包装自动回收机等设备。德国相关政府部门对这项新规定的实施更是下大力气，进行严格的监督，对于不征收押金的商家将处以罚金。

这是德国为鼓励使用可重复利用的包装材料，进一步减少包装垃圾所做出的努力。让顾客退还空饮料瓶，可以减少对一次性包装再生产所付出的能源消耗。德国人很习惯购买一次性包装的饮料，在德国，啤酒、可乐、汽水的包装大多是一次性的易拉罐或塑料瓶，尽管它们被收集后会被循环利用，再制成新的包装，但这一过程无论是回炉再生产，还是重复的交通运输都将造成很大的能源消耗，而能源的消耗直接与温室效应气体的排放挂钩。为了减少温室气体的排放，净化空气，节约能源，减少一次性包装的行动全面展开。起初，一些人并不能理解这一做法的用意，他们以强烈的不满回应着押金制度。然而，时间是检验一切的最好的证明，经过一段时间后，人们感受到了由此带来的变化。

押金制度实行后，取得了显著的成效，德国由此减少了100万吨一次性包装。那些真正了解押金制度内涵、环境意识强的德国人都认为押金制度是迫切需要的。它减少了德国各城市的垃圾数量，减少了一次性饮料包装材料的浪费，实属利国利民之举。饮料包装去去再来，带来的是环境的改善。

日本奇闻“东京垃圾不足”

日本东京是世界特大城市之一，人口超过1000万；又是日本最大的加工工业中心，电机、电子、化学、钢铁等主要工业均居全国首位。因此，城市的工业垃圾与生活垃圾与年俱增，在1989年共达到490万吨之巨。然而，到了十年以后的1999年，垃圾数量非但没有增加，反而锐减到360万吨，下降了26.5%。究其原因，就在于东京市政府建立了一套行之有效的垃圾处理制度：

第一，垃圾分类，资源回收。由东京市政府统一发放回收桶，要求居民按玻璃瓶和铁铝罐分类，把用过的瓶罐洗净晾干，放入回收桶待收；其他垃圾则分“可燃物”和“不可燃物”归类丢弃。这样做的确增加了居民不少麻烦，由于政府从小就对学生进行治理污染的教育，小学的社会课也把垃圾问题排入课程，有时老师还带领小学生作垃圾问题的社会调查，所以分类观念早已深入人心，被视作当然的事了。

第二，垃圾收费，按指定地点丢弃。政府发行一种与邮票类似的"垃圾贴纸"，放在超市里供出售。凡是营利和非营利单位的"事业垃圾"和家庭大型垃圾，弃主都要依照垃圾大小和种类，购买足额的"垃圾贴纸"贴好，写上自己姓名，在指定时间里送到指定地点丢弃。至于家庭里的非大型垃圾，为了不过分增加居民负担，暂不收费。在繁华的东京街头甚至都找不到一个垃圾桶，这是因为这里执行非常严格的垃圾分类制度，万能型的垃圾桶无法在这样的制度下生存。

第三，废旧纸张，鼓励回收利用。政府虽然没有组织统一回收废旧纸张，但采取多种措施鼓励造纸企业进行再生纸生产，如推动恢复传统的物资（包括旧纸在内）回收行业等。许多企业都增添了再生纸的生产设备，使废旧纸张的处理能力大增。东京地区居民一度出现旧报纸供不应求的现象。东京一家报纸在报道这条奇闻时，甚至用上这样的大字标题："东京垃圾不足"！由此也可见，东京在垃圾处理方面的制度是行之有效的。

国外垃圾通常都是分类处理的，所以垃圾桶的数量都比较多。如加拿大大学宿舍的厨房里都有三只垃圾桶：一只用来装能够回收利用的垃圾，如书报杂志、包装废纸等；一只用来盛放不可回收利用的垃圾；一只用来盛放有机生活垃圾，如剩菜剩饭、水果皮或丢弃的其他会腐烂食物。这些有机垃圾密封贮藏于专用的垃圾桶内待其腐烂发酵后，埋入土中作为肥料。

在德国柏林市的街头，近来开始换上一批会“说话”的新型垃圾桶。每当有人把垃圾丢进这种垃圾桶内，垃圾桶就会发出“谢谢”或“真好吃”的声音。这种能“说话”的垃圾桶让人在丢垃圾时平添了一份“情趣”。尤其是孩子们，为了听垃圾桶“说话”，总是喜欢包揽丢垃圾的活，把丢垃圾视为一种乐趣，这样很有利于培养孩子们保护环境的良好习惯。

法国：竞选总统必须签署绿色宪章

环境保护成为了总统选举的一大筹码。在法国2007年的总统选举中，主要候选人就要签署一份绿色宪章，约定在竞选中把环保作为首要问题。

这份宪章的起草者是法国电视明星、独立的环保主义者尼古拉·于洛。他也是一名潜在的总统候选人。于洛此前发出威胁，如果这些总统候选人不签署这份绿色宪章，他就会宣布参加竞选，挑战其他对手。

因此，包括执政的人民运动联盟候选人尼古拉·萨科齐和社会党候选人塞戈莱娜·罗亚尔在内的10名主要总统候选人出席了这份绿色宪章的签字仪式，承诺会优先考虑环保问题。在所有主要总统候选人中，只有极右翼政党国民阵线主席让·玛丽·勒庞没有签署这份绿色宪章。

候选人之一的罗亚尔对现场观众庄严地说："我郑重重申我的决心，要让法国成为环境出众的国家。"然而，其中一些人并非全盘接受于洛的环保计划，如在任命一名副总理专门负责可持续发展的问题上，罗亚尔表示赞同，但萨科齐则认为，应该给环境部长更多权力。

当时的内政部长萨科齐承认，现任政府在环保问题上还做得不够，"我们必须从摧毁的时代前进到保护的时代"。萨科齐在当选总统后果断地将能源、交通、海洋、城市规划、房屋建筑等产业部门与生态保护、可持续发展战略研究等机构进行合并，组建了环境与可持续发展部，较好地集合了涉及环境问题的各个利益主体，使相关部门对环境问题能进行及时的沟通、讨论和协商。而在地方行政部门中，则由省长或市镇长（行政机构最基层）统一部署全省或市镇的环境治理工作。这样能够减少环境治理中各利益部门的冲突，有效推行环保"绿色革命"。

法国一直走在环境保护的前列，在法国，环境和可持续发展比那些时髦的题目更让人关注，以至于新一代人权随着《环境宪章》一起被载入了宪法。法国公众的环保意识也很强烈，自然资源开发利用科学合理，名胜古迹保护完好，人居环境优美，生态环境良好，其环境管理经验值得学习与借鉴。

尼古拉·于洛（NICOLAS HULOT），是法国著名的环保卫士，更是一著名的环保基金的发起人，他曾一度参与了总统竞选而后又放弃，目的就是将环保议题作为竞选运动的中心议题。

于洛在选举中获得了11%的民意支持，但另一项民意调查是，59%的人希望他不出马竞选。他表示他曾征询许多人的意见，而且犹豫了很久。他说："我跟着一种直觉行事。""最后，我决定停止介入政治。"他举出了三个理由。

他首先指出，他选择"相信各个候选人的承诺"，大多数的候选人都签署了他于2007年11月7日发起的"环保公约"。这个环保公约主要提议在政府中设立一个负责长期发展事务的副总理的职位，和对排放废气引起温室效应的人征收"碳气税"。这个公约获得了50万人的签名。于洛还指出，他的《支持环保公约》一书已经售出了20万册。第二个理由是"对环保支持者提出的诚信问题"，他出马竞选应会"引起所有为环保事业奋斗的人勉强接受"，但"万一获得的票数低，可能会把环保这么壮观的一个挑战贬低为一个普通的数字"。第三个理由是："我深信如果我与政治游戏保持距离，环保公约的冲力将变成启发真正环保意识的压力。"

尼古拉·于洛还强调："为了继续动员所有的环保角色，我必须保持独立，只要我不越过红线和保持我的独立性，我不支持任何总统候选人。"

婚礼上的旧婚纱一样神圣

26岁的乔·卡里克与24岁的未婚妻杰茜卡·兰德尔不久将步入婚姻殿堂。他们在准备自己的婚礼时就把绿色环保放在了中心位置，准备办一场绿色婚礼。

整个婚礼的筹办过程，从新娘婚纱的选择到宾客请柬的设计，无不体现出环保节俭理念。新娘的婚纱是从布拉德福德一家婚纱连锁店中购买的旧婚纱礼服；婚礼请柬由回收纸张制作，而且他们把地址写在了请柬背面，这样一来就可以不用信封直接邮寄。另外，新郎与新娘还专门开设了一个网站，受邀请的宾客可以在网站上预定礼品并获得交通线路服务，这样也节省了相当数量的纸张。婚车也没有用传统的汽油动力豪华轿车，而是用了一辆环保气动力的宾利汽车，从而减少环境污染。这对新人“绿色婚礼”的想法赢得了众人赞赏，他们自己也颇感自豪，不仅保护了环境，而且节省了一大笔开支，他们婚礼的花销仅用了 3 000 英镑。

在英国很多年轻人看来，传统意义上的“完美”婚礼应当是双方家人乘飞机到加勒比海的巴巴多斯，然后在那里开一个盛大的婚庆聚会，整个婚礼过程恐怕得花上 10 万英镑（约合 19.7 万美元）。然而，近年来随着人们环保节约意识不断增强，“绿色婚礼”悄然成风。

一家名为“气候关怀”的组织估计，每一场婚礼平均向大气排放 14.5 吨二氧化碳。数量之多，令人惊讶。正因如此，越来越多的人倾向选择绿色婚礼，而非传统的“白色婚礼”。英国“绿色婚礼”组织者卡尔弗说：“尽管与绿色相关的事件在很多人看来都有点嬉皮士的感觉，但是这种‘绿色婚礼’不仅注重环保，而且还可以做得像传统婚礼一样神圣而隆重。”

绿色婚礼的形式也日趋环保和多样化，有新人把豪华轿车换成了高头大马，把酒店喜宴变成了郊外野餐，就连野餐的食物也尽量选择当地的无污染原料，为防止运输过程的能源浪费，环保的意识处处能够得到体现。像这样的绿色婚礼在英国并非少数，目前已成为了流行趋势，新人们都以能举办环保婚礼而感到独特和自豪。

担任《绝望主妇》角色的玛西亚·克罗斯前年结婚，婚礼上的鲜花是她亲手种植的，婚帖也是她利用可再生纸制成的。在美国，钟情环保婚礼的不只是好莱坞明星，在年轻人中，环保婚礼成为一种潮流。婚礼上的种种细节无不浸润着环保的理念。

婚礼请帖，或用电子邮件发放，或采用再生纸或非纸制品印喜帖；接送来宾，尽量减少车队的规模，或安排集中的大巴，以尽量减少汽油消耗和尾气排放。路近的宾客，或是步行或是骑自行车到教堂；婚礼，尽量使用可循环利用的物品，新娘穿旧婚纱或纸制婚纱，婚戒也是用回收利用的黄金制成的。鲜花也是选择于自家花园种植的；婚宴，使用可降解的碗碟，用当地栽种的有机食品招待宾客，饮用当地酿造的啤酒或有机葡萄酒。

非洲真正的宝藏

驱车在一些非洲国家的乡村公路上，可不时看到“请注意，前方有野生动物出没”的路标。刚把车放慢，就看见猩猩或斑马慢悠悠地穿过马路，似乎它们早已习惯汽车给它们让路。在非洲，环境保护意识不断深入人心，非洲人对动物那种发自内心、与生俱来的爱，令人惊叹不已。在内罗毕举行的濒危动植物种国际贸易公约缔约国大会上，一位南非代表在发言中指出，非洲人没有屠杀野生动物的习惯。在殖民时代有大量的野生动物被猎杀，但这不是非洲人干的。

事实的确如此。非洲国家尽管贫穷，但在环保和生态旅游方面却成绩斐然。在非洲，很少看到人们捕杀野生动物，即使遭受饥荒，人们也在耐心等待救济粮的到来，而不是将火烈鸟或斑马烧烤充饥。就拿东非国家肯尼亚来说，它的石油、煤或其他矿藏极少，且时常遭受旱灾的袭击。在这种恶劣的自然条件下，该国政府不是靠出口野生珍稀动物来获取外汇，而是走一条发展生态旅游的道路。肯尼亚的旅游收入在国家外汇收入中居第二位，超过传统的咖啡出口，仅次于茶叶。

然而在殖民时代，非洲的动物却没有这么幸运。无数的大象倒在血泊中，只因为它们的长牙能给殖民者带来丰厚的财富。即便是在 20 世纪 70 年代和 80 年代，多数象牙也都是销往欧美国家。

可以说，正是发达国家的象牙需求刺激了非洲偷猎现象的增长，导致无数大象倒在偷猎者的枪口下。

1979 年，非洲有大象 130 万头，而到 1989 年仅剩 65 万头。在这种情况下，肯尼亚于 1990 年建立了世界上第一支反偷猎行动小组，严厉打击偷猎行动。肯尼亚前总统莫伊曾表示，宁肯不赚象牙美元，也决不牺牲大象。在各国政府努力下，近年来非洲多数国家的大象数量都在回升。1989 年肯尼亚有大象 16 万头，如今已增加到 29 万头。而津巴布韦、博茨瓦纳、南非和纳米比亚等国的大象数量正以 5%的年增长率递增。

正如肯尼亚野生动物管理局的一位官员所说，非洲真正的宝藏不仅是大象等野生动物，更是非洲人的环保意识。

非洲真正的宝藏不仅是大象，更是非洲人的环保意识。

将烟尘和石油告上法庭

当代世界的环境问题已经成为困扰各国发展的难题。环境问题的严重化，环境污染案件的增多，给传统法学提出了新的课题，在各国的环境诉讼实践中，环境法庭这一新兴的法庭加入了进来。

地处于亚洲西部的科威特有着大量的石油资源，而由于国际争端使得资源保护不当从而引起了诸多的环境问题。世界历史上最严重的一次大气污染就发生在科威特。这次大气污染是由于海湾战争，它造成了科威特 200 口油井燃烧，燃起的黑烟遮天蔽日，致使海湾及其周边地区环境污染十分严重。当时人们下午两点驱车前行要打亮前灯，居民出门得靠手电寻路，人们受着有害的二氧化硫及碳氢化合物的污染。浓烟蔽日，天空变暗，大量烟尘将使印度大陆的气温下降好几度，并且使该地区在雨季到来之时不再下雨，从而对该地区几个国家已经十分紧张的粮食供应造成直接威胁，使到达地面的太阳能减少20%，从而使该地区的气温下降4℃。

科威特处于国际争端多发地，而对于国内的石油资源又保护不当，使得原油泄漏事故频发。环境事故在科威特已形成了多发趋势，科威特故此设立了环境法庭，并于2000年10月开始审理国内破坏环境的案件。2000年7月23日，科威特环境公共行政机构局长萨拉维说，科威特法庭将按计划于10月开庭审理破坏该国环境的案件。就在几个月前，科威特议会通过了保护该国生态的特别法律。该法律对环境破坏行为作出了严格的处罚规定，比如对服刑期限，对犯法人危害海洋及沙漠地带生物的处罚等，都有严格的规定。环境法庭将审理有关原油泄漏、工业污染及在200公里沿海地区违犯法律等的案件。

环境法庭的出现是环保意识发展的必然，在此之后，美国、澳大利亚、新西兰、南非等很多国家和地区也都相继设立了专门的环境法庭，专司涉及环境污染的案件。

石油对环境的污染可分为两个方面：一是油气挥发污染大气环境，表现为油气挥发物与其他有害气体被太阳紫外线照射后，发生物理化学反应，生成光化学烟雾，产生致癌物和温室效应，破坏臭氧层等。二是地下油罐和输油管线腐蚀渗漏污染土壤和地下水源，不仅造成土壤盐碱化、毒化，导致土壤破坏和废毁，而且其有毒物能通过农作物尤其是地下水进入食物链系统，最终直接危害人类。

研究表明，汽油、柴油、煤油中的有毒有害物质对人的神经系统、泌尿系统、呼吸系统、循环系统、血液系统等都有危害。国外研究发现，生活在加油站或者汽车修理厂附近的孩子患急性白血病的风险要高出平均水平4倍，这些孩子得急性非淋巴细胞白血病的几率比住在同一地区但不在加油站附近的孩子高7倍。

环境生物学研究和国际科研成果表明，新生儿出生缺陷、肝癌等疾病的发生，与环境中有毒物的增加量直接相关，尤其与加油站和垃圾填埋场等污染源的污染日益加重相关。国外一些发达国家，已把加油站与垃圾填埋场看成是地球上的两个“毒瘤”。

沙滩椅带给人的震撼

漫步在英国街头，感觉环境优美，空气清新。城市公园中嫩绿的草坪，住宅前五颜六色的花草，街道旁合抱粗的大树，都让人置身于绿的世界中。

在伦敦，市政当局下了大力气发展城市绿化，有意识地加强都市公园建设，在城市留出宝贵的空间营造“绿洲”，以充分发挥绿色植被在城市生态系统中“肺部”的调节功能。伦敦现有土地面积中，10%已被辟为空地或城市公园，伦敦市内公园总面积已超过了1.7万公顷。伦敦的公园都是对大众免费开放的，在伦敦繁华的市区内，有5个大型皇家公园：海德公园、肯辛迪公园、摄政公园、格林公园和圣詹姆斯公园。公园除了绿草、古树、湖泊、雕塑等相似的风景，也有不同的独家特色。比如海德公园的蛇形艺廊和演讲角、肯辛迪公园的阿尔波特王子纪念碑和黛安娜纪念馆、摄政公园的女王玛丽娅花园、圣詹姆斯公园的白金汉宫夜景、格林公园的大树群造型和林荫小道等。

在英国伦敦皇家公园里，草坪上供休憩的椅子基本上都是收费的，在 2007 年的夏天，草坪上摆上了很多五彩缤纷的布艺沙滩椅。这些椅子上的图案或者文字都以保护树木和野生动植物为主题，是一些演艺界的名流和很多艺术家专门创作的，游客可以租用自己喜欢的椅子乘凉，而租金将由皇家公园基金会统筹用于环境保护。共有将近一千把这样的椅子提供给公园，这又为公园添加了一道亮丽的风景线。

在伦敦皇家公园，草坪上的椅子样式一直还是比较单调的，像海德公园以前很多都是蓝白条相间的椅子。此外，以前的风尚是人们可以自己买把休闲椅放在公园里，椅子上铭刻怀念的人，这样的纪念方式为很多人所采用。而现在，椅子不仅由富有想象力的设计师们设计来吸引人们，更添加了环保主题。在游人众多的公园，这样的宣传更能够收到效果；在绿草如茵的公园，这样的宣传更能给人带来震动，从而深刻地体会环保的含义，将环保渗透到人们的精神层面。一把椅子更多体现出来的却是一份环保理念，以及为环保做出的实实在在的事情。在生活中的每个角落都随时有这样的震撼，让更多的人铭记这样的震撼，体会这震撼带来的快感。

环保——现代奥运的新主题

自1972年联合国在瑞典首都斯德哥尔摩召开人类环境发展会议以来，环境保护也越来越受到国际奥委会的重视。

1991 年国际奥委会对奥运宪章作了修改，新宪章要求争办奥运会的所有城市从 2000 年起必须提交一项环保计划。在 1992 年世界环境与发展峰会上，国际奥委会主席萨马兰奇首次提出了自己在环境保护方面的主张。6 个月后，他提出要把环境保护作为奥林匹克精神的仅次于体育和文化的第三个方面。1994 年的利勒哈默尔冬季奥运会就是环保已成为奥林匹克精神的第三个方面的体现。1995 年 7 月 15 日晚上在洛桑（瑞士）闭幕的关于体育和环境问题的首次会议确认，国际奥林匹克委员会将把保护环境作为奥林匹克精神的支柱之一，

“环境保护”已经成为现代奥运会的主题。

亚特兰大自愿在1996年奥运会时执行新宪章，提出了自己有关垃圾、能源消耗和大气污染防治的计划。占地21英亩的奥运百年公园、新建的节能水上中心和交通系统是其环保努力成功的证明。另外，五六百辆接送运动员和观众的车辆使用的是替换燃料，大大减少了大气污染。专为奥运而建的奥运百年公园是30年来美国修建的最大的城市公园。

悉尼在筹办2000年奥运会的过程中也在环保方面投入了较大的资金。为了保护一种生活在沼泽地中的濒临绝种的青蛙，悉尼组委会修改了原定将该沼泽地迅速填土以修建奥运会场的计划，并投资40万澳元建设保护措施。悉尼奥运会场馆的建设采用了尖端技术，如利用太阳能发电，安装可动式座位等。1993年决定在悉尼举办奥运会后，政府斥资了1.37亿澳元用于环境保护。将环境保护列入奥林匹克宪章里充分体现出了整个人类对于人和自然关系重要性认识的进步。

那一天，让车轮停止转动

“无车日”活动是法国于1998年9月22日在欧洲率先发起的。这一天，参与活动的城市将主要通过限制机动车进入城区，设立步行区、自行车专道和举行相关活动来增强民众的环保意识，鼓励人们使用无污染或污染小的交通工具。

2000 年 2 月，欧盟委员会及欧盟的 9 个成员国确定 9 月 22 日为“欧洲无车日”。这是欧盟首次介入这一旨在改善城市空气质量、减少城市交通压力和改变城市交通观念的环保活动。在当天，欧盟和欧洲其他一些国家约 800 个城市共同参加了活动。在比利时的 6 座城市及首都布鲁塞尔的 3 个行政区内，一些街道在指定时间内禁止汽车通行，只允许自行车骑行。在芬兰首都赫尔辛基最繁华的闹市区，汽车被禁止通行，市政当局、有关组织和社团散发各种宣传材料。在希腊首都雅典及该国其他 60 座城镇中心地带，划出了禁止汽车通行的区域。

不仅是欧洲，至今国际上已有超过 1 000 个城市开展过“无车日”活动。2001 年 9 月 22 日，希腊和葡萄牙同欧盟大多数成员国一起，举办了都市“无车日”活动。2002 年 9 月 16 日至 22 日，欧盟举行欧洲环境保护周，环保活动包括各种环保展览、公共交通日、自行车日和街道生活日等。欧盟 15 个成员国和其他 22 个欧洲国家的 1 300 多个城市参加了这次活动。

“无车日”活动是一种具有象征意味的理念，其根本目的不是无车，而是如何做到环保，如何解决拥堵，如何节省资源。与此同时，欧洲一些国家大力加快公共设施建设。比如，法国改善道路，兴建轻轨，扩大公共汽车的专用通道，使法国的公共交通工具路线四通八达；自 2002 年以来，欧洲有 11 个国家拨款兴建自行车专用车道；德国、法国、荷兰、瑞士等国家还计划建造自行车高速公路等等。此外，一些国家还通过奖惩手段来倡导无车日理念，比如，德国对废气排放量低的汽车实行减税，挪威首都奥斯陆早晨 6 时到下午 5 时驶入城市的车辆要缴纳交通税。“欧洲无车日”活动作为一个泛欧公众环保活动，也得到了越来越多的理解和支持。

日本的环保教育从儿童抓起

日本在二次大战后50多年的经济发展过程中，曾经历过环境破坏和环境污染所带来的困惑和不幸，有不少惨痛教训。而今天日本山清水秀天蓝，从没发生过沙暴、尘暴……这当中固然有着很多原因，然而其中最值得深思的是日本国民强烈的环保意识，而这种环保意识的形成则来自锲而不舍的环保教育。

日本环保教育分为三个层面：一个是学校环保教育，一个是家庭环保教育，另一个是社会环保教育。学校环保教育从小学到高中都有，而且是必修课，教材内容详实，既有理论又有实践。

日本对于下一代在学校里的环境教育是分阶段的：对小学低年级，中心是给儿童更多的接触自然和亲身感受自然的事物和现象的机会，使之在体验自然的过程中来了解保护自然的道理；对于小学高年级和初中生，重点是让他们直接面对与环境相关的事物和现象，使之形成对环境的具体的认识，同时指导他们养成把握事物和现象相互间的联系及其因果关系的能力和解决问题的能力；对于高中生，应使之掌握综合地思考和判断环境问题，以及进行合理的选择和意志决定的能力，并培养他们主动地保护和改善环境的能力和态度。日本的学校不仅让学生在教室里学习，还从本地区的环境出发让学生注意在实际生活中怎样环保。譬如有很多小学每年都组织学生去参观垃圾焚烧场，看看生活垃圾是怎样处理的，通过工人介绍，加深了垃圾要分类处理的印象。

家长联席会除了沟通学校与家长之间的联系外，还配合学校做好环保教育，每月都进行一次资源回收。在这一天让学生和家长把家里的旧纸、旧报纸、旧杂志、塑料罐、易拉罐等废弃物都带来回收，一般是免费的。联席会把旧物资送进回收站，所得款项再给学生添置玩具或学习用品。而社会中的良好环境风尚结合系统的环境制度，也是教育下一代提高环保意识的有效方式。

日本各地均有一些专门实施学校体验教育、环境教育的设施。早在 1966 年，古屋市教育部门就在远离市区的自然山区开设了户外教育中心专用教育基地，直到现在，每年市内所有中学二年级学生都要轮番到这里来体验都市教育中体会不到的户外教育。同餐共寝的集体生活，各种户外教育活动，对学生的环保意识产生了积极的促进作用。

环境保护是日本整个社会、每个国民终身的自觉行动。正是这种学校、家庭、社会三管齐下的高强环保教育力度，保证了日本环境的日益优化。

意大利的阿布鲁佐大区是欧洲的绿洲之一，拥有3个国家自然公园，1个大区自然公园和22个自然保护区。很多意大利的学校都会到这里的自然公园对学生进行环保实地教育。

莫里赛、拉齐奥与阿布鲁佐国家级联合公园是意大利保护面积最大的森林公园，公园是进行生态环境实地教育的重要基地，它为儿童、青少年、学校团队提供特殊的项目。导游会带大家在林中漫步几小时甚至一整天来全面了解地区生态环境，让孩子们意识到自然环境的宝贵。

而在马杰拉森林公园，高山列车专门为幼儿园及小学生团体开放。乘火车在山谷中漫游成为学校进行环保教育的最好工具，车厢变成了移动的教室。这样的教学游让每个学生以一种全新的方式认识到大自然所带来的是什么。

让送货车尝尝麦当劳的味道

在肯德基、麦当劳等餐饮机构，其食用加工油在经过五次煎炸后就必须被淘汰，而这些废油中含有甘油三脂，如将它们收集起来，再用甲醇把废油中的甘油分子置换出来，就可以合成甘油和生物柴油，由此成为了送货车的新能源。送货车也尝到了肯德基、麦当劳的味道。

生物柴油是一种可再生的清洁能源。它具有优良的环保性能，其含氧量高于石化柴油，可达 11%，在燃烧过程中所需的氧气量较石化柴油少，并且其燃烧、点火性能优于石化柴油；它是无毒的可再生能源，不含芳香族烃类成分而不具致癌性，也不含硫、铅、卤素等有害物质，它的黑烟、碳氢化物、微粒子以及二氧化硫、一氧化碳排放量也很少，其作为优良的石化柴油替代品，能够满足欧洲燃油标准的要求。生物柴油除了可供公交车、卡车等柴油机的替代燃料外，又可供为海洋运输、水域动力设备、地底矿业设备、火力发电厂等非道路用柴油机之替代燃料。它的原料来源广泛，各种食用油及餐饮废油、屠宰场剩余的动物脂肪甚至一些油籽和树种，都含有丰富的脂肪酸甘油酯类，适宜作为生物柴油的来源。

著名的快餐连锁机构麦当劳就计划让其英国公司的 155 辆送货卡车用上生物柴油，这些柴油完全是由其餐馆收集的烹饪用油制成的。在现阶段，这家快餐集团的卡车使用的燃油中，95%是柴油，5%是生物柴油。该公司计划在开始时，使用 85%的生物柴油和 15%的菜子油混合而成的燃油。对于废油的回收利用在近些年取得了丰硕的成果，自 1999 年麦当劳实行系统化地回收废油起到 2007 年，回收的废油总量达到了 1 918 775 公斤。

而在美国，生物柴油加工业成为了发展迅猛的新兴产业。目前也有数以千计的美国人在自家车库里“自力更生”提炼生物柴油，所用原料是他们炸过薯条之后无法再用的菜油，或者从餐馆和食品厂搜罗来的食用油废料。在多哈亚运会上，通过高科技的提炼，也使得在这个油比水还便宜的国度，将烹饪后的废油回收提炼成了生物柴油再利用。从多哈新闻中心发出的记者班车一律使用上了这种生物柴油。

这种技术还将广泛地应用于更多的国家和地区，这样就减少了对于石化柴油的大量需求。利用可再生资源的生物柴油实现能源的循环利用。保护地球，不要过度地开采地球上的资源，是每一个地球人的共同责任。

生物柴油　是一种新的清洁能源，是以大豆和油菜籽等油料作物、油粽和黄连木等油料林木果实、工程微藻等水生植物，以及动物油脂、废餐饮油等为原料制成的液体燃料。这种燃料最大的特点就在于有良好的环保性，柴油车使用后排放的尾气中不含二氧化硫，而且碳氢化合物和一氧化碳排放量也大为降低。据专家介绍，柴油分子是由15个左右的碳链组成，而植物油分子一般由14-18个碳链组成，与柴油中碳数相近。因此生物柴油就是一种用油菜籽等可再生植物油加工制取的新型燃料。按化学成分分析，生物柴油燃料是一种高脂酸甲烷，可通过不饱和油酸C18为主要成分的甘油脂分解获得。欧美以及亚洲一些国家和地区正大力发展利用油菜制造生物柴油产业。

送企鹅回家

巴西里约热内卢的动物园里迎来了一些新朋友，它们就是来自巴西南部水域的企鹅。人们非常喜爱这些企鹅，尽可能地为它们提供优越的环境。但是企鹅适宜群居，不能离开自己的同类，即使有再好的环境，企鹅始终都要回到自己的家园，于是为了送企鹅回到它们的家园，巴西甚至为此动用了军事飞机。

这些可爱的企鹅是在盛夏时节随着浮冰漂移到巴西的。这些麦哲伦企鹅都是从南美洲的最南端的巴塔哥尼亚水域漂流而来，在大批的企鹅迁徙过程中不幸掉队。这些可爱的小家伙带着饥饿和寒冷而来，由于水土不服，已经有大量的企鹅死去，能幸运活下来的也就是靠岸时数量的一半。里约热内卢的动物园对这些企鹅进行了细致入微的照料，人们非常喜爱这些企鹅，它们的到来引起了人们的广泛关注。动物园迎来了大批的游客，大家都是来看望小企鹅的。在动物园里，企鹅们得到了非常周到的照顾，有专门的医生为它们检查并调理身体，有最精心的食物为企鹅提供。企鹅们总是可以懒洋洋地躺在自己的空间里安逸地享受着人工营造的“日光浴”。企鹅在这里享受着百般宠爱。但这里毕竟只是企鹅的暂时住所，企鹅需要的是回归大自然，回到本应属于它的地方。为了企鹅，为了地球上的可爱生灵，巴西决定要送企鹅回家。

巴西政府动用了一架专用的空军飞机，在举国上下的瞩目下，要送走 24 只已经恢复体能的企鹅，把它们送回到巴西最南部的城市佩罗塔斯。在那里，军医们会再一次的检查企鹅的身体状况。之后，企鹅们就可以随着洋流回到南极洲，找到它们的家族，回到它们的家园。如果一切顺利，大约需要十天的时间就可以到达。保护和人类共同生活在一个地球上的动物，会得到一种满足感和成就感。关爱身边的一切，就是关心自己。每一个地球人，都有责任和义务保护我们的环境。流浪到巴西的企鹅，将陆续被送回家。和企鹅相处的日子，非常难忘而短暂。为了人类的朋友，巴西不惜动用了军用飞机，这在历史上也是不多见的。也许环保的真正含义就在于此吧，珍爱自然界的动物，与动物和谐相处，这就是在营造人类自己的美丽家园。

麦哲伦企鹅 是群居性动物，经常栖息在一些近海的小岛，它们尤其喜爱选择茂密的草丛或灌木丛中作窝，以躲避鸟类天敌的捕杀。此外，在某些气候较为干燥，植被并不茂盛的地带，如果地质较为松软，麦哲伦企鹅也会挖洞作窝。

麦哲伦企鹅可直接饮用海水，并通过体腺将海水的盐分排出体外。在捕食上它们没有特殊的偏好，捕食鱼、虾和甲壳类动物。在饲养小企鹅期间，除了猎物严重匮乏的福克兰群岛附近，成年企鹅的捕食会非常规律地每天进行一次，在白天进行，一般潜水不超过50米，少数情况下，也偶尔达到100米的深度。

它们在冬季扩大捕食范围，向北可达到巴西海域。这时就会有掉队的企鹅登上巴西的土地。

以土豆的名义对污染说不

德国得累斯顿工业大学的科学家开发了一种新技术，用土豆粉制造一次性餐具。这种环保新用品在莱比锡环境博览会上首次露面。据主持这项技术开发的诺塔·林克教授介绍，用土豆粉制环保餐具的设想早在几年前就有人提出过，但直至最近，在发明了较简单的生产程序后，土豆餐具走上市场才成为可能。

淀粉是被认为最具有应用潜力的一类替代传统餐具的物质，特别是在一次性餐具方面，具有多种优势。首先在生产流程上，可以使用传统的塑料挤出、注塑等工艺进行处理，降低了企业转换的成本；其次是安全性，淀粉本身就可供食用，不存在食用安全问题；另外，产品废弃后可以作为农业堆肥使用。新一代的生物高分子在回收后稍作处理，就可用作家畜饲料，大大消除了传统一次性餐具给环境带来的污染。目前，淀粉含量90%以上，甚至近乎100%的全淀粉材料也已经问世，技术的进步逐步回答着环境学家们的疑问。

而这种用土豆粉制成的一次性餐具还要求必须具有良好的防水性，同时在用过被丢弃后，又可被生态分解，显然这是一个难题，因为一种产品如果100%防水，就不可能被生态分解。后来技术人员作出妥协，决定在制成的土豆餐具表面涂上一层聚合物，这样既可防水又易被分解。土豆餐具能够减少难以被生态分解的塑料垃圾，另一方面也为德国萨克森州大小农场生产的过剩土豆找到了一条出路。至于咖啡在土豆杯里究竟能放多久，专家的回答是：不超过24小时。此外，土豆餐具仍不宜食用——但如果出于好奇尝一尝倒不会影响健康，只是在口里有“味同嚼蜡”之感，干燥难咽。

现如今，用土豆等植物的淀粉来生产可降解的环保餐具已经形成了一项产业，国际上许多高分子公司都启动了土豆淀粉餐具生产线，使得淀粉餐具能够大规模地生产出来。一旦这种土豆餐具被广泛使用，那么就会减少那些难以生态分解的塑料垃圾，为环境的保护带来更大的福音。

英国沃里克大学的研究者们花了两个月时间打造出了一辆英国最环保的赛车。这款名叫“环保一号”的单座环保赛车有

2.74米长、1.5米宽。这辆赛车的轮胎材料一部分竟来自土豆淀粉；刹车垫材料则来自腰果壳；车身则是用大麻纤维制成。赛车的燃料则是用发酵的小麦和甜菜加工制成。“环保一号”的最高车速能达到每小时240公里！整辆车的造价大约为2万英镑。“环保一号”赛车上95%的材料都是可生物分解或可循环使用的材料，尽管它的方向盘、座位和电线都采用了传统材料。

响应市长爬树的号召

在美国得克萨斯州的植树节即将到来之即，达拉斯市的市长罗拉·米勒女士为了宣传植树和环境保护，在达拉斯的公园里种下了一棵橡树，而令人惊奇的是，米勒市长竟然身穿着攀岩爬山的完整装备，以六分五十八秒的成绩，爬上了一棵高逾10米的大树，并在树上骄傲地挥舞着彩条。

米勒市长的这次环保挑战分为了三项活动，其中之一就是这次的“走！去爬树”，活动还包括了用最短的时间植树挑战。米勒市长之前邀请过临近城市的市长一起参与这个“走！去爬树！”的挑战活动，然而积极响应的人寥寥无几，尽管在爬树挑战中仅有很少的市长参与其中，但这并没有减弱市长爬树的影响力。在美国，甚至还有一项饶有趣味的对市长们在环保方面所做努力的评比，其中就有爬树挑战评比，米勒市长当之无愧地排在了第一位。这一爬树策略令植树这项枯燥的环保措施吸引了大量的市民参与其中。

米勒市长一直以改善达拉斯市的居住环境为政府的重要目标，她认为在美国其他城市民众的眼里，达拉斯市里全是车，她想让达拉斯变得更有亲和力，更加适宜居住。

支持举办这次市长爬树活动的是达拉斯市的都市森林委员会，它是达拉斯市在2005年时成立的，主要负责给予市议会有关市内林树养护的建议。都市森林委员会的主席史蒂夫·豪斯对于城市树林保护和建设提出了很多质疑，他批评城市的管理者并没有下决心真正努力完善城市的绿化。其实达拉斯市的绿化工作还是很有成效的，在达拉斯市，站在任何高楼上，向任何一个方向望，都可以一览无余地看到天边。从立脚之地，到眼界所往，都看不到任何裸露的地皮，全部都是树木与草坪，在树木丛中，隐约现出各式各样造型的房屋。在这样恍如置身于大自然中的城市里，自然更要时刻保护着这片绿色。

环保就是名人的政治。很多名人都热衷于环保事业。詹妮弗·安妮斯顿是个标准的环保狂人，她甚至会选择边淋浴边刷牙，因为这样更环保，有利于节水节电。

詹妮弗表示：“有些事情说出来可能更好——比如我会花多长时间淋浴，一点不开玩笑地说，我淋浴只用三分钟，这还包括边洗澡边刷牙。洗两分钟淋浴的用水量相当于一个非洲人一天的全部用水量！”

同时，詹妮弗签约成为一品牌水的形象代言人，她举着上书“让水也来嫉妒水”的标语在世界各地推广饮用电解水；她还曾在电视广告中以一袭可再生材料制成的白衣上镜。詹妮弗还同一批环保者向美国的青少年包括儿童推广一种更加健康的饮食、饮水习惯，并且他们决定各自拿出一部分、总额达百万美元的资金用于在各类学校内推广这方面的知识，教育孩子们学习更健康的生活方式。

种树使汽车畅销

绿色营销是以保护环境和回归自然为主要特征的一种营销活动，在当今的社会中，它成为了众多企业的新的营销理念。企业的注意力从单纯追求利润转变为："在营销中要注意生态环境的保护，促进经济与生态的协调发展"。因此，企业在获取自身利益的同时，也考虑到了环境的代价，即不能以损害或损坏环境，来达到企业营利的目的。

在汽车业，由于能源匮乏的原因，更是对产品品牌价值的追求，使得新能源及环保型汽车已经率先在美国等汽车行业发达国家得到了承认和追捧。尽管开展绿色营销已经成为许多厂商的重要计划，但制造新能源汽车却不是一朝一夕能够完成的，越来越多的汽车厂商认识到，即便不依靠新能源汽车，同样也可以利用“绿色”来进行宣传和营销，并能够给自己的品牌带来更多的认同。

英国一家公司出台了一项独特的营销计划：每卖出一辆汽车，公司就种植五棵树。令人始料不及的是，这竟使得买车者十分踊跃。本为保护环境、减少污染而制定的措施，缘何会使汽车畅销呢？据很多消费者表示，他们感到自己在买汽车的同时，也为改善环境尽了一份力，一定程度上抵消了汽车对环境的污染，心里也因此平衡了一些。绿色的浪潮席卷全球。绿色消费意识得到了各国消费者的认同。一项调查显示，75%以上的美国人，67%的荷兰人，80%的德国人在购买商品时考虑环境问题，有 40%的欧洲人愿意购买绿色食品。

利用环保来帮助企业建立声誉，建立绿色营销的方式，福特汽车是其中典范。其在 1983 年在英国开始举办的“福特汽车环保奖”，是世界上规模最大的环保评选活动之一。这个奖项奖励环保工作者和组织，通过普及环保概念来促进环保在人们心中的位置。这项措施表面上与汽车并无紧密联系，但在将环保视为社会发展重要指标的今天，却在世界各个地区得到了许多肯定和赞誉，从而间接提升了福特品牌的美誉度。这样看来，无论是可持续发展的要求还是来自消费者的压力，都说明：企业必须贯彻绿色营销的观念，才能适应新形势的要求。

意大利有个"世界清洁日"

意大利自20世纪60年代以来制定了很多环境法，形成了较为完整的法律框架，这些法律的通过和实施，推动了意大利环保事业的发展。然而现代化城市发展怎么才能跟环境更加友好？意大利人长期以来有思考这个问题的传统。早在1968年，欧洲诸国的专家们就在意大利成立了"罗马俱乐部"，他们试图对"人类困境"进行研究，以证实如不考虑环境改变，经济高速发展将带来消极后果。

对散漫的意大利人来说，对汽车的态度在一定程度上反映了他们环保意识的转变。意大利人的私家车平均拥有量是惊人的：全国拥有 3 370 万辆，平均每百人的汽车拥有量达到了 60 辆。当他们意识到过多的私人汽车对环境的破坏时，搭乘公交车就成为了一种责任。

意大利人有着很强的环保观念，也积极参与环保活动。2000年9月24日意大利1 500多个城镇举行了“世界清洁日”活动，意大利环境部长维莱尔·博尔东同一些志愿者和市民一起参加了活动。在罗马，有100多位驻意使节、驻意使馆的一些外交官以及意大利环境联盟成员和当地青少年参加了活动。国际米兰、AC米兰、罗马、拉齐奥等10多个足球队的球迷也参加了活动。这些球队将向收集废塑料瓶最多的球迷赠送今年联赛的季票；潜水员清理了700公顷的海底，捞出了30多吨垃圾和150多张废渔网。初步统计，当天意大利各地共清理了3 600多个公共场所，清理出垃圾达5 000多吨。

世界清洁日又名世界清洁地球日，英文为Clean Up the World Weekend （CUW Weekend)，是全球性清洁活动，由位于澳大利亚的国际环保组织Clean Up the World发起，世界清洁日是联合国举办的全球性清洁活动，时间是定在9月的第三个周末，也有参与组织和个人把每年的9月14日作为活动时间。现为全球最重要的环境保护活动之一，每年全世界有超过125个国家、4 000万人参加这个活动。

通过这样的活动，让更多的人参与到环保的行动中来。环保是与每一个人的生活息息相关的，人人都行动起来，换来的一定是更蓝的天，更清新的空气。试想，如果把每一天都当做“世界清洁日”来度过，那将还地球一个本来的面貌，还人类一个更美好的生活空间。但是对于现在来说，最为重要的则是减少生活垃圾的排放量，减少污染。那么，从现在起就开始行动吧！

像意大利这样，由社区组织和民众自发清理小河沟的现象，在很多欧洲国家也非常普遍。5月11日是瑞士的全国清洁日。这天，瑞士各地都组织志愿人员捡拾垃圾，垃圾和污水处理厂也向公众开放。

瑞士以“安宁和清洁”闻名于世。瑞士在一个世纪以前就开始注重保护自然环境和卫生，从1902年起陆续颁布了《森林法》、《水保护法》等一系列保护自然环境的法律、法规，瑞士的环境卫生与过去相比已不可同日而语。虽然法律规定不允许向河内排放污水和投放垃圾，但在一些公众场所，随手丢弃烟头、纸屑、饮料包装的情况也时常遇到，这让瑞士人很气愤。

在河岸的休息亭，有许多游人丢弃的野餐食品和垃圾；在郊外的一处河段，还发现了一辆被丢弃到河中的轻骑摩托车。仅半天时间，志愿者们就收集了几大袋的垃圾，一些“有特色的”垃圾被带到市中心广场展示，其中有毛绒玩具、颜料瓶、台灯、废弃的电脑和轮胎以及那辆摩托车。组织者利用这些“证据”现身说法，给人们上了一堂生动的环保课。

一千个"垃圾人"带来的震撼

在庆祝欧盟成立50周年的活动中，出现在罗马人民广场上的一个展览格外引人注目，那是由1 000个真人大小的"垃圾人"组成的方阵！

在罗马的波波洛广场，这1 000个宛如兵马俑般的"垃圾人"厚实地排列在一起，深深地吸引了观众的目光。这些"垃圾人"的所用材料尽是各种瓶子、罐头盒、可乐筒、易拉罐、破报纸、面纱团、废钢铁、电脑碎片等，总重量约35吨，全部展品都经过消毒处理。每个"垃圾人"的高度均为1.8米，重量为35公斤。参观者可以随意走近和接触这些艺术品。仅在展览开始后一周内，就吸引了超过100万名参观者。人们都纷纷驻足观看，还有的合影留念，在这样一个巨大的"垃圾人”阵营中，人们会深切地感受到平日里制造出来的垃圾是多么的庞大。

这 1 000 个“垃圾人”是由德国艺术家哈·舒尔特创作的。舒尔特是一位行为艺术家，往往通过直观骇人的方式，使人们感官受到刺激，产生强烈反应，形成深刻印象。他在战后的柏林瓦砾中长大，经常以垃圾和高消费为题进行研究创作。1976 年，在威尼斯美术双年展上，他曾一夜之间用 8 000 张废报纸把圣马克广场全部覆盖起来。次年，他又把自制的遥控飞机送向纽约摩天大厦上空，并在一个小岛上撞毁，称之为“失败”计划。他还把汽车、洗衣机的框架弄到罗马一家阶梯剧场展出。

通过“垃圾人”的展览，他希望告诉人们，现代人类的生活大量采用一次性消费品，是对环境的污染和对资源的滥用，而无限制破坏生态的结果，最终也会导致人类自身像垃圾一样被自然所淘汰。这 1 000 个“垃圾人”前后在巴黎的拉德芳斯、莫斯科的红场、中国的长城、埃及的金字塔、阿尔卑斯山脉海拔 2 800 米高处的一个湖边展出过，获得了各方广泛的关注。这次“垃圾人”在罗马的展出持续到 3 月 29 号，在离开罗马之后，这支浩浩荡荡的“垃圾人”大军还前往了西班牙、美国以至南极等地进行展出。

1 000 个垃圾人带来的震撼足以让人们产生一种强烈的视觉冲击，面前的巨大阵营就是人类在不经意间制造出的垃圾，将这其中的很小一部分拿出就创作了这样的艺术品，那么地球上的60亿人将会制造出多少垃圾呢？地球又正在承受着怎样的压力呢？垃圾人正在震撼着人们的心灵。

伦敦街头的绿色汽车

如果漫步在伦敦街头，除了能看到满街跑着的能反映英国古老形象景观的黑色出租汽车外，还可以看到新出现的一种绿色出租车。这是英国无污染公司最近研制的一种适应环境保护要求的新型轿车。这种汽车几乎没有噪声，也不排放有害气体，其他功能则和普通汽车一样，所以它一出现，就受到人们的青睐。

绿色汽车的核心和关键，是采用了一种完全不同于传统型的发动机。这种发动机以碱性电池驱动，它既可以产生能量，也能储存能量。其原理和工作方式是：如果在水中通电，就可以得到氢和氧；反之，如果把氢和氧放在一起，就可以得到电和水。氢来自高压气瓶，氧则取自于空气。由于不发生燃烧，故排出的唯一气体是水蒸气。正因为如此，这种汽车的发动机以至整个车身，看上去非常清洁。

然而从目前运行情况看，乘坐绿色汽车的费用要高于传统的出租车，原因是整个伦敦只有 7 家氢气供应站，这使得广泛应用新型发动机变得非常困难。但是从长远来看，这种汽车是大有发展前途的。首先，燃气发动机只需消耗氢气，其费用比普通燃油发动机可节省一半；其次，发动机中没有运动部件，潜在的故障大大减少，所以维护费用也相对较低；再者，由于不排放有害气体，使用者还可以节省废气排放检测方面的开支。如果某些大的能源公司看到这种趋势，有意在这方面投入适量资金和科技力量，也许有一天，氢气会代替汽油和柴油，成为各种汽车的主要燃料。该公司下一步的打算是发展无污染的绿色公共汽车和工业车辆，包括大型公路货车，用这种汽车逐步取代现有的传统车辆。

英国政府也进行了强有力的绿色汽车推进措施，在 2007 年 2 月，政府通过一项名为“Acton 二氧倾碳”的活动，向那些不选择绿色汽车的驾驶者们施压，迫使他们选择污染更少的汽车。在新车市场上政府进行了空前的干预，包括建立一家新网站，标识出每个级别最环保的车型。该活动还推动了生物能源车的使用以及向人们介绍如何在驾驶过程中减少燃料消耗量的技巧。这些都使得绿色汽车的风潮席卷了整个英国。

绿色汽车，绿色的生活环境还需要人们共同的关注和支持，再好的政策也需要人们的身体力行。现在，伦敦的市民们及驾驶者已对绿色汽车情有独钟，即使多付出一些价钱也在所不惜。因为人们发现什么事情也比不过伦敦的天更蓝来得幸福。

绿色汽车作为一种绿色产品而言，不仅仅是指从能源角度使用了电力或代用燃料的汽车，也包括从技术理论体系来开发和研究绿色汽车。绿色汽车是强调完全合乎环境保护要求的一种新型交通工具，也体现出了环境保护观念对汽车工业产生的影响和变革。毋庸置疑，它是汽车技术不断发展的必然产物。因此开发和研究新型的绿色汽车是环境保护的迫切要求，是人类的期望，更是汽车工业可持续发展的需要。

标志之一：可以回收利用。目前，环保脚步走得最快的德国已经规定，汽车厂商必须建立废旧汽车回收中心。

标志之二：动力源的改进。电动汽车是目前“绿色汽车”开发的“重头戏”。美国把开发电动汽车作为振兴美国汽车工业的着力点。

标志之三：对环境污染小。众所周知，汽车排出的尾气是城市污染的祸根之一。因此，消除汽车尾气的污染十分重要。壳牌石油公司开发出一种新型汽油，其中有一种含氧的化学物质，能够使汽油充分燃烧，大大减少了有害气体的排放。

“我不是塑料袋”引起的疯狂抢购

由英国设计师阿尼娅·欣德马奇设计的环保手袋“我不是塑料袋”风靡了整个英国。这款用米白色未经漂染的纯棉布制成的帆布包，以纯棉粗绳制成把手，加上接缝处加强缠绕固定，可手提也可侧背，能承负较大的重量，制造过程简单无污染，避免对地球造成伤害。这款包在2007年2月底被奥斯卡金像奖选为名利场奥斯卡派对的礼物，更有当红名模拎着它参加时装秀。3月份在英国推出后，网上价格飙涨10倍。

“我不是塑料袋”在英国销售的首日，一大早，各地的塞恩斯伯里超市还没开门，人们就为抢购每个售价 5 英镑的阿尼娅·欣德马奇手袋排起了长队，有的人甚至头天晚上就来排队，因为每家塞恩斯伯里超市只出售 30 个这样的手袋。据统计，超市里一小时内卖掉了大约两万个。2007年伦敦时装周期间，许多名人明星都携这款手袋在公共场合亮相。一时间，这款可重复使用的棉布手袋成为追逐时尚的伦敦人的新宠，在“电子港湾”网站上，这款手袋竞价一度达到每个100英镑。设计这款手袋的目的是敦促人们减少使用塑料袋。据统计，每名英国人每年平均使用167个塑料袋。有了这款环保手袋就可以减少大量的塑料袋的使用，节省资源，更加减少了白色污染。

在此之后，“我不是塑料袋”在美国纽约发售，立即成为追逐时尚的年轻人的抢购目标。由于在英国销售火爆，商家便打出了“限量发售”的招牌，结果尽管商店上午10时才开门，但有些人5时多就去排队。开门后3小时不到，几千只手袋全部售空。此后“我不是塑料袋”还在全球巡回发售，销量惊人，售价也是被抬到了很多倍，消费者对其的追捧和喜爱达到了空前的地步。

虽然购买一个棉布袋取代塑料袋并不能拯救地球，但这就像节约用水用电、尽量少用一次性餐具那样，如果每一个人都能把这些小事做好，就等于支持了环保。而大多数时候，这些事情虽小但人们却难以做到。“I´m Not A Plastic Bag”包的标语“我不是塑料袋”，暗示拥有这个手袋的主人与塑料袋划清界限，意味深刻，不仅引发了疯狂的抢购，而且激发了人们对环保的关注和支持。

塑料袋的危害

塑料袋的确给日常生活带来了方便，但是这一时的方便却带来长久的危害。塑料袋回收价值较低，在使用过程中除了散落在城市街道、旅游区、水体中、公路和铁路两侧造成“视觉污染”以外，它还存在着潜在的危害。塑料结构稳定，不易被天然微生物菌降解，在自然环境中长期不分离。这就意味着废塑料垃圾如不加以回收，将在环境中变成污染物永久存在并不断累积，会对环境造成极大危害。

其一，影响农业发展。废塑料制品混在土壤中不断累积，会影响农作物吸收养分和水分，导致农作物减产。其二，对动物生存构成威胁。抛弃在陆地上或水体中的废塑料制品，被动物当做食物吞入，导致动物死亡。其三，废塑料随垃圾填埋不仅会占用大量土地，而且被占用的土地长期得不到恢复，影响土地的可持续利用。进入生活垃圾中的废塑料制品如果将其填埋，200年的时间不降解，对土地有极大的危害。其四，高温则分解出毒害物质。塑料制品本无毒害物质，但因为它的回收再利用的设备不够完善，工艺简陋，而且许多厂家无合法营业执照，导致再生产的塑料制品在温度达到65℃时，毒害物质就会析出并且渗入到食品中，则会对肝脏、肾脏、生殖系统及中枢神经等人体重要部位造成危害。

骑自行车上班的墨西哥市长

墨西哥城近日兴起一场推广使用自行车运动。为了减轻环境污染，墨西哥市政府实施了一项新举措，大力提倡市民们骑自行车上班。市长马塞洛·埃夫拉德推出了这项计划，他认为环境保护要从自身做起，而墨西哥城内的汽车数量实在是太多了。这项举措要求政府官员每个月的第一个星期一都要骑车上班，政府还安排了1万多名愿意骑车上班的职工在离家近的地方上班。在2007年4月2日，为推广这项计划，马塞洛·埃夫拉德带头骑着他那辆红色自行车上班，在社会各界引起了轰动。

这项举措实施的 4 个月后，官方对骑自行车上班的想法升温了，既抽烟又不爱运动的埃夫拉德警告说，官员能否保住职位取决于他们对这个活动的参与。虽然很多人对这项计划的实施并不持乐观的态度，但是这个雄心勃勃的计划却激起了对使首都逐渐窒息的汽车堵塞和污染的全国性的讨论。自这个计划开始以来，成千上万的墨西哥城居民在星期日被赶到了大街上，因为这时埃夫拉德的管理部门已经关闭了通行汽车的大路。

墨西哥城的男女老少挤满了宽阔的林荫大街，用什么工具出行的都有，有骑着老式自行车的，有滑着旱冰鞋的，还有滑单脚滑行车的，真是花样百出，五彩缤纷。政府计划建立186英里的自行车通道，同时在地铁站和数百个城市建筑的外面建立自行车停放架。墨西哥城甚至启动了一个借用计划以使那些没有自行车的人不会被漏掉。

墨西哥城并不是全国第一个推行这个想法的城市。瓜达拉哈拉（Guadalajara）是全国第二大城市，市民团体曾推动建立了一个可以让居民家庭聚集起来在星期天早晨休闲地骑自行车的地区。当城市居民骑自行车出行的时候，再没有刺耳的喇叭声，听不到车窗里传出的大声谩骂，有的只是平静的微笑、小姑娘飘动的丝绸发带和风刮过飞转的自行车轮辐时轻柔的声响。正如城市里一名35岁父亲所说的，“不管你是穷还是富，你都可以骑自行车，这是城市中的每个人外出和开心游玩的一种方式。”

为农民发放环保补贴

在英国加入欧盟的20多年来，英国农业发展和农村环境保护一直以欧盟共同农业政策为基准。在近些年的改革中，过去以价格支持为基础的机制已逐步过渡到以价格和直接补贴为基础的机制，共同农业政策被赋予了更为广阔的内涵，转变为“共同农业和农村发展政策”。英国政府相应地开始强调实行稳定农业地区政策的重要性，大力支持农村可持续发展，积极推行繁荣农业经济与环境保护相结合的政策。

英国从 2007 年 4 月开始，对农民保护环境性经营首次给予补贴，从而进一步促进农村可持续发展，并与欧盟共同农业政策的改革相呼应。农村事务部负责农业事务的国务大臣惠蒂说，农场主在其经营的土地上进行良好环境管理经营，每公顷土地每年可得到最多达 30 英镑（1 英镑折合 1.91 美元）的补贴，而进行不使用化肥和农药的绿色耕作则将得到 60 英镑的补贴。农民要负责对农场附近的树林、河沟的保护；养殖农场必须有环保计划书，说明是如何计划进行环保的。如果农场遵守了这些措施，政府支付 105 英镑补贴费。农村事务部说，无论从事粗放性畜牧养殖的农场主，还是进行集约耕作的粮农，都可与政府部门签订协议，加入这一计划。加入该计划之后，他们将有义务在其农田边缘种植作为分界的灌木篱墙，并且保护自家土地周围未开发地块中的野生植物自由生长，以便为鸟类和哺乳动物等提供栖息家园。

近些年来，英国政府已开始采取包括保护乡村生物多样性等措施在内的多种环境管理鼓励计划，作为经济可持续发展战略的一部分。此次出台的这一新政策，把良好的环境行为与政府补贴明确联系起来，与欧盟共同农业政策的改革——即从 2007 年 1 月份开始取消 11 种不同补贴而采取单一补贴支付的机制——也完全相符。

英国政府的这一新举措，还得到许多英国农场主的支持。他们认为，实施这一计划之后，随着野生动物家园自然条件的进一步改善，农村将出现更多的青蛙、鸟类、蝴蝶和蜜蜂等，英国农村将变得更加优美和富有生气。

巴西的"环保官"

巴西有种职业叫"环保官"。顾名思义，环保官的职责当然是要管环保的事。在巴西，几乎所有的公司企业都要设置环保官这样的职位，确保各项的工程项目都符合政府部门的规定，环保官就要起到这样的监督规划作用。

因为，巴西从国家到各州，甚至到县一级都有严格的对于环境保护的规定。如果稍有不慎，就会触犯法律的规定。各个大小级别的法律对于环境保护问题的规定十分详尽，每个工程项目必须确保没有对环境的损害，才能够得到许可实施。在这一过程中，工程的老板们就需要环保官这样的人为他们提供程序上的帮助。要问环保官的权力究竟有多大，那么可以这样说，没有环保官，工程的老板们就无法得到"环保执照"，因此也就无法开工。看来环保官的权力并不小啊。

巴西的环保官都拥有“环境管理”的专业博士学位，国家曾经派他们出国进行过专业系统的学习，其中一些还被派到联合国进行过环境管理的培训。这些环保官们在巴西得到足够的尊敬和认可。很多行业都需要环保官的帮助，越来越多的公司企业里都设置了环保官的职位，而这样的职业人员也越来越炙手可热。很多大学生选择了环保专业的学位，希望将来会有份更加时尚而实用的工作。

挪威诺贝尔奖评审委员会将2004年诺贝尔和平奖颁发给肯尼亚环境和自然资源部副部长旺加里·马塔伊，以表彰她在“可持续发展、民主与和平”方面所作出的贡献。启动非洲植树运动的马塔伊由此成为第一位获得诺贝尔和平奖的非洲女性。这也是诺贝尔和平奖首次颁发给环保领域人士。

评委会说，马塔伊不仅保护了现有的环境，她的战略是对生态可持续发展真正的基础进行保护和加固。她于1977年启动了“绿带运动”，在近30年里，动员贫穷的非洲妇女种植了近3 000万棵树，在保护生态环境的同时为上万人提供了就业机会。

挪威舆论认为，今年的和平奖颁发给了为消灭贫穷和环保斗争的人，“具有新意”，对非洲妇女来说尤其意义重大。同时，马塔伊因其成就还获得了挪威的主要奖励环保主义者的索菲奖。

政府花钱买清净

名城佛罗伦萨是托斯卡那大区的首府，“佛罗伦萨”（译自英语）依意大利语曾被翻译为“翡冷翠”。它坐落在亚平宁山中部、阿尔诺河（Aron）河谷，四周环抱着丘陵。佛罗伦萨是一个颇具绅士格调的城市，充满和谐与优美、庄严与秩序，星罗棋布的村庄和乡间别墅点缀在环抱城市的平缓山坡上。城市规模很小，人口仅49万。

佛罗伦萨有 40 多个博物馆、美术馆；60 多座宫殿和许多大小教堂、广场，收藏了大量的优秀艺术精品和精美文物。佛罗伦萨老城内外以中世纪的建筑为主，风格多样，景色迷人，常见红色的屋顶，或是米黄色或是彩色大理石的墙面，在阳光下熠熠生辉。街道上，花园里，门庭上到处可见千姿百态的神话人物石雕，有的展着双翅、有的吐着清泉、有的手托圣婴，到处都洋溢着无处不在的艺术气息。名胜古迹散布全城，而主要的景点都集中在从火车总站到老王宫的这条线上。对于游客来说，最好的办法就是步行。这样你不但可以欣赏美丽的景色，而且能感受一下当地的风情，更何况人本身就是一种风景。

然而意大利是全球车量最多的国家之一，因此，意大利的各个城市都对汽车造成的环境污染头疼不已，佛罗伦萨也不例外。其他城市开始采取了种种措施，解决废气排放问题。由于以柴油驱动的车辆废气排放量最多，罗马已经实施限制柴油车数量等措施；都灵也考虑在市中心征收“污染费”。

在佛罗伦萨，则实行了一种有条件的免费乘坐公交车的做法。佛罗伦萨作为国际声望很高的旅游城市，街上来来往往的汽车很多，既有本国的也有从其他国家开进来的。汽车尾气排放使这个城市的环境卫生深受其害。现在市政当局已经立下规矩，只有 1991 年以后出厂且安装了尾气净化装置的汽车，才能上街行驶，除此以外的车辆将被禁止在路面行驶，如果车主实在不愿步行，凭存车证明，可以免费乘坐公交车。这是一个奇招，世界各国的大小城市尚无此先例。也正是由于对环境的重视，才使得佛罗伦萨成为了当之无愧的旅游胜地。

环境巡逻队专抓街头污染者

以色列由于人口的迅速增长，生活和消费水平的提高，导致固态废物以每年4%–5%的速率大幅增加。近年来，国家关闭了绝大多数非法的垃圾堆集地，而代之以环保型的垃圾填埋场。目前正在努力探索包括减少废弃物、重复使用、回收和焚烧固态废物的综合管理模式。以色列政府也积极采取各种措施来保护环境。

而环境巡逻队更是走上了街头。那些在小汽车里大声播放音乐，或在公共场合乱扔垃圾的以色列人要小心了，没准儿以色列环境巡逻队员会马上出现在他们面前，将他们带到法庭接受审判或就地罚款。

阿米尔·莱文是环境巡逻队的首领。他对以色列军事电台记者说，有25名便衣警察已充实到现有的50名环境巡逻队员组成的队伍中，这些队员肩负着保卫以色列环境的使命。巡逻队员有权对破坏环境者进行现场处罚，对“不听批评教育者”，可将其带到办公室里进行审问。莱文在1989年组建了环境巡逻队，那时以色列人的环境意识还不高，环境违法事件时有发生。环境巡逻队加大了处罚力度，比较典型的例子是：一家长途电话公司因违反了户外广告法，被判罚15万新以色列镑(合3.75万美元)；一名卡车业主“屡教不改”，在公共场合再次倾倒垃圾，被罚款25万新以色列镑。

分类垃圾回收箱已摆在特拉维夫和耶路撒冷等城市的街道两旁，以色列媒体和政府官员也越来越多地考虑环境问题了。但是，在大街、海滩和公园内仍可以见到很多随意丢弃的垃圾。莱文认为，对破坏环境者罚款也许是保护以色列环境的最有效的手段。他还幽默地说：“我们会文明执法，罚完款后给当事人开票。”

以色列从幼儿园到大学都安排有环境教育方面的内容。公众积极参与环境法的实施，作为卫生监督员和动物保护监督员，他们有权检举违反相关法律的行为。为了促进环境的改善，越来越多地使用了经济手段，包括对投资治理污染的一些企业给予财政支持及对造成污染者进行征税和罚款。遵循可持续发展的原则，所有的民众和政府部门都在为保护资源和防止污染而努力。

用垃圾制成的晚礼服

33岁的丹妮斯·凡·奥登是英国著名的美女节目主持人和演员，曾是英国著名少女演唱组“原子猫”的成员，担任目前热门电视选秀节目《美梦成真》评委，并主演过多部电影。2005年，她又凭借完美傲人的身材入选英国杂志评选的“世界十大美胸女郎”。

最近丹妮斯成为英国政府发起的环保行动“立即回收周”的形象代言人。“立即回收周”从 2007 年 6 月 1 日开始，时间为期一个礼拜。这期间丹妮斯将游走英国各地，在电视上向民众宣传环保以及垃圾回收的重要性。

然而让人做梦也没想到的是，2007 年 5 月 31 日晚，当丹妮斯出现在“立即回收周”的开幕式新闻发布会上时，她竟然也成了一名“垃圾美女”！人们目瞪口呆地看到，她身上的性感低胸晚装竟然全是用废弃的瓶盖、饮料纸盒等真正的垃圾一个一个贴在一起制作的！而她接下来又换上了另一件紧身拖地长裙，直径达数米的裙摆则全是用旧报纸折叠揉捏而成。这些衣服亮丽炫目，不仔细看，根本辨别不出是用垃圾制造的。

一名观众回忆称：“当丹妮斯出现在大家面前时，所有人都眼前一亮。因为她身上的那套低胸晚装颜色实在太鲜艳了。但接着人们就意识到那件晚装实际上是垃圾组成的，每个人都发出一声惊呼。丹妮斯实际上正被一身垃圾所包围，设计师的想象力实在让人叹为观止。”

这两套别出心裁的“垃圾晚装”是由英国时装设计师加里·哈维设计的。制成晚装的垃圾全都是从大街上的垃圾桶中捡回来的，不过在丹妮斯穿上身之前，它们已经过了彻底清洁消毒。有人戏称：“如果下次你找不到什么衣服可穿，那只要看看垃圾桶里有什么就可以啦！”用垃圾制造服装让人们看到了垃圾的广泛用途，也给了服装设计师更多的灵感。越来越多的用垃圾制造的服装出现在人们的视野，垃圾原来也可以如此美丽，环保更会令人心中添彩！

巴西的生态学校

巴西的生态学校对环境问题的关注已经超出了课堂的讨论，巴西圣保罗的一些学校使这种关注在菜园、花园、森林和养殖场变为实际行动。在这些越来越重视生态环境的学校，每天与大自然接触是课程的组成部分。播种、观察植物的生长过程以及与动物共同生活在一起，是更为重要的活动。这类生态学校与市中心的高楼大厦形成对照，建筑一般都不超过3层，留有一定面积的绿地，放养一些小哺乳动物和鸟。一些生态学校位于市内，另一些在郊区。

教育工作者们认为，在自然环境中，孩子们变得不那么好斗和不易得忧郁症。孩子很早就能认识到珍惜环境的重要性并可以使感觉变得更加敏锐。圣保罗天主教大学教授埃斯皮里托·桑托说：“为了全面认识自然，回到自然是最理想的方式。在与自然的接触中，人们会发现毁坏环境将导致自我毁灭。”他认为，关注全面教育的父母应该重视生态环境。他说：“孩子需要玩耍，与大自然接触，在地上打滚，制造自己的玩具。”

在托马斯·克鲁斯学校，学生们与鹅、鸭、鸡等动物分享空间，另外还有空间留给计算机实验室、图书馆、木工室等。和其他生态学校一样，它把构成主义作为教育方法。学校领导莫里塔说：“我们借助环境进行生物学、植物学、地理、地质学等方面的教学。学生从具体实际中获得知识。”学校的体育场也是露天的，有利于学生接触自然。

在马蒂尔德学校，学前班的孩子拥有一块500平方米的绿地。每天有一个孩子负责给菜园浇水，所有的孩子在菜园里都有一棵以自己名字命名的植物。校长伊格纳蒂说：“大部分孩子生活在公寓楼里。但是，在这里他们可以吃到直接从果园里摘下的新鲜水果。”

家长对生态学校给孩子带来的变化感到高兴。女教师费尔南德斯注意到一年来她的几个女儿发生了巨大变化。她肯定地说：“她们的学习成绩和在家中的生活质量都得到改善。”这位母亲把这归功于让孩子从传统的学校转入一所生态学校。她说，进入生态学校之后，女儿们变得不那么忧郁，身体也健康多了。

英国的"绿色"加油站

目前世界上4亿多辆正在行驶的汽车，是人类不可缺少的代步工具，它以风驰电掣般的速度把人类送入现代社会。但同时它也给人类带来了诸如噪声、废气等恼人的环境污染，对人类环境的危害日趋严重。因此，世界各大汽车公司都在设计和生产"绿色"汽车，以减少汽车对环境的污染。有了"绿色"汽车，"绿色"加油站便应运而生。

这些"绿色"加油站有很多种。一种是为了避免加油时汽化的汽油污染空气而在英国最先推出的"绿色"加油站。这种防渗漏的加油站使用的是英国新研制的聚乙烯管道和接口，与目前许多加油站使用的易腐蚀，从而导致渗漏的钢油罐和钢管相比，这种新产品不仅重量轻、抗腐蚀，并且比普通钢管更易于安装。两根管道的接口是一个聚乙烯环，环中含有一个加热线圈，当电流从一个手提控制装置通过时，所产生的热使周围的材料熔化，熔化的液体在接口处形成一个熔合接头。输油管是用专为输油用的高密度塑料制成，用于向地下主储油罐注油，另外还用来联结储油罐和油槽车。因而在加油时汽化的汽油不会泄漏到空气中。这种加油装置现在世界上许多国家已开始效仿，加油站周围的居民拍手称快，也减轻了火灾隐患。

还有一类是氢气燃料站。英国第一家氢气燃料站建在了伯明翰大学。氢气燃料站所提供的燃料是专门供给电动车的。燃料电池由容器里的氢气和空气里的氧气结合产生化学作用，可以用来发电，驱动电动车。这个过程的唯一副产品是水，完全没有二氧化碳排放。汽车制造商们已经展示过几十辆燃料电池车，伦敦市已经计划建三个氢气站，到 2010 年，英国全国至少达到 12 个，这为生产以燃料电池驱动的汽车铺平了道路。

而为了让英国 3 300 万辆车变为环保绿色，英国政府的一项主要环境政策是大力发展生物燃料。根据可再生能源义务法的规定，英国所有的加油站，无论是销售汽油还是柴油，都必须含有 2.5%的生物燃料。这样既节省了其他能源，还使生物燃料有了用武之地。

伦敦主教一年不坐飞机

在2006年7月，伦敦大主教理查德·恰特（Richard Chartres）表示，在节假日乘飞机度假以及驾驶大排量汽车是一种自私的行为及罪过的表现，尤其是廉价航班的使用，这些做法都忽视了环境后果。廉价航空公司作为鼓励人们出行、减少人们旅游费用的一大功臣，一直以来都受到了环保主义者的抨击。飞机发动机排放的诸如二氧化碳、氮硫氧化物、碳氢化合物以及其他一些微小颗粒等有害物质，这些物质排放到大气中，必将对气候造成恶劣影响。据预测，到2050年，航空飞行导致气候变化的比重将达到6%–10%。廉价航空公司的航班频率很高，消耗的能源也多。很多人甚至将皮肤癌的增多及北极熊的减少都归罪于廉价航空公司。

恰特主教的这一言论遭到人们对其的批判。为了证实他的观点，他承诺一年内不乘飞机。主教的这一举动迫使他的手下不得不重新为他安排旅行计划。恰特主教是英国教会的主要环境问题发言人之一，他表示不会乘飞机去参加会议也不会在假期乘飞机回家探亲。主教告诉记者："这不是在游行的车上向人招手做秀，这是我确实要做的事情。我对我的足迹密切关注，我们要更有责任感地生活，我可以想象到我将来会更多地出现在火车站台。"英国电视台也要播出一部纪录片，其中还有制片人劝说主教签署不坐飞机的保证书。

然而恰特主教在选择不乘坐飞机这种"黄金标准"前，几乎没有犹豫。当人们开始质疑主教的飞机出行以及他的由司机驾驶的汽车时，主教称，他的汽车是教区工作需要，同时也是节能的混合动力车。主教到德国和罗马尼亚参加会议也是乘坐汽车或火车。

伦敦大主教理查德·恰特 2006 年 6 月 5 日世界环境日，发起了英国教会"减少足迹"的活动，为挑战、鼓励和支持所有的英国教会进行能源审计，辩论与能源有关的问题。这项活动被看做是达到"40%教会"的第一步，"40%教会"活动期望按照政府气候变化专门委员会的建议，到 2050 年将所有教会的二氧化碳的排放量减少到 60%。

恰特主教一系列的环保活动为其赢得了环保声誉，在 2008 年 10 月，《星期日独立报》将恰特主教评为了英国的"绿色清单"百名环保人士中的一员。

塑料袋换学生用品

人们对于那些无人处理到处存在的塑料袋已经习以为常了，塑料袋在所有的垃圾中总是那么的显眼。绝大部分塑料袋都是只用一次就被丢弃了，而这些东西要过一百年才能消散掉。

英国的赛恩斯伯超级市场推出了一种含有33%可再生材料的塑料袋，每年节约了6 500吨的塑料原料（约53 500桶石油）。赛恩斯伯超市在网上号召，如果消费者不再需要这些塑料袋，可以送到这些连锁超市里供再利用。在过去的几年里，赛恩斯伯超市在可回收塑料袋上的投资增长了44%。赛恩斯伯超市还发起了一项抵制塑料袋的行动，这是一个为期一天的活动，当天的所有顾客都会免费领取到10个可降解塑料袋，超市将其称之为“超市购物革命”，超市第一天虽然是免费提供，但是要求消费者要循环利用，以后的一个礼拜里禁止再免费赠送塑料袋。

英国的赛恩斯伯超级市场连锁店还开展了一场声势浩大的“提袋行动”，为环保着想，循环使用塑料购物袋。旨在让消费者认识到环境为人们的活动而做的付出，鼓励人们成为环境的友善朋友。该连锁店规定，顾客每循环使用一次购物袋，就会获得一张礼券。礼券可以转送孩子们所在的学校，由学校把礼券换成电脑软件、书籍、运动器材、视听设备及乐器等，共有490种商品可供选择。只要积攒一定数量的礼券就能换回孩子们喜欢的商品。

赛恩斯伯超级市场的这一活动推出后，社会反响热烈。约有1.2万多所学校参加了这一活动，大约100万个家庭响应，为学校筹得了380万英镑的款项。另外，环保效果也相当明显，估计每年可节省90万升用于生产塑料袋的石油。此外，“提袋行动”也使得这家超级市场连锁店从中获得了好处，不仅营业额大大增加，而且为公司塑造了一个注重环保的新形象。

各国都有塑料袋的回收利用的高招。英国的塑料袋回收利用活动到2008年已经将塑料的使用减少了25%，爱尔兰于2002年对塑料袋实行收费政策，已经减少了90%的塑料袋使用量，澳大利亚也发起了“对塑料袋说不”的活动。

巴西快餐流行"公斤饭"

在巴西的首都里约热内卢，"公斤饭"压倒了以人头收费的快餐和零点餐馆，受到普遍欢迎。在圣保罗自由区的闹市区，路旁的阿拉伯风味连锁店阿比卜门口摆放着招揽顾客的广告牌：30种冷菜、20种热炒，外加5款甜点任意挑选，每公斤收费9.8雷亚尔（1雷亚尔约合0.33美元）。店堂里顾客盈门。

"公斤饭"之所以能在巴西风行，首先是顺应了巴西人要吃得健康的潮流。但凡光顾过自助餐店的人都有体验，自助餐是以人头固定收费，面对品种丰富的饭菜，人的食欲旺盛是很自然的事。况且不少人存有"交了钱，不吃白不吃"的心理，于是大吃特吃一顿。殊不知，吃得过饱对身体是有害的，在巴西大腹便便的人随处可见。近年来，巴西人的生活水平有了较大提高，吃得健康已成为时尚。“公斤饭”是在电子秤上称过的，自己吃了多少蔬菜、多少肉食、多少甜食，一清二楚。难怪现在进“公斤饭”快餐店的苗条姑娘越来越多。

经济实惠、收费合理是“公斤饭”的一大特点。“公斤饭”是快餐，它既保留了快捷便利、花样多、种类全的特点，又增加了收费低的优点。在巴西，经营“公斤饭”的快餐店一般都有20种以上的热菜，10种以上的冷菜，另有几款甜点或水果，不论是荤菜、素菜还是主食，价格一样，统一按重量收费，人们任意选用，随吃随取。“公斤饭”体现了多吃多付，少吃少花的原则，让收费更加合理。尤其对女士，“公斤饭”既满足了她们的胃口，又适应了她们品尝多个品种，以达到营养均衡的要求。

“公斤饭”的一个最大好处就是减少了浪费。它促使顾客在取食物时要仔细掂量，取多了吃不了就等于浪费自己的钱，这从心理和制度上堵住了浪费。人们都是按自己的爱好和需要取用食物，宁可少拿，不够再取。一般情况下，在“公斤饭”的快餐店里，顾客用完餐后，盘子里基本没有剩饭剩菜。由于减少了浪费，利润也比过去增加了，店里拿出一部分利润请了手艺更好的厨师，饭菜质量好了，顾客就更多了。

所谓“公斤饭”（RestaurantedeKilo），并不是指一种食品，而是一种餐厅的类型。公斤饭餐厅可以说是巴西最有特色的餐厅种类了。尽管各种餐厅的类型层出不穷，各国特色餐厅也越来越多，但是公斤饭仍然成为了巴西人最普遍的选择。

公斤饭有点像自助餐，特点在于其方便、多样化和便宜，不需要繁复的点菜程序、不需要漫长的等待、可以按照自己胃口的大小和口味的偏好选择菜肴搭配的方式。在选完了全部菜肴之后，公斤饭就显示出它和自助餐的最大不同，那就是必须得拿着盘子去过秤，不分菜肴的种类，按食物的总重量索要账单，准备吃完之后到门口结账。由于可以少量多样，其总价格自然比在其他餐厅里点种类相当的菜肴价钱要便宜。公斤饭之所以叫公斤饭，是因为它的计价基数是公斤，一般来说，公斤饭的单价都是在一公斤10个雷亚尔左右（相当于30元）。

别具一格的绿色旅社

今天，越来越多的人厌倦大城市里那种喧闹嘈杂的生活节奏，返璞归真的意识日趋强烈，渴求在“绿色”中度过田园牧歌式的美好时光，在朴素无华的大自然的环境里生活和工作。为了迎合人们“联想自然、表现自然”的心态要求，美国洛杉矶建成了一家“绿色旅社”。

洛杉矶洲际大旅社是一家规模较大的“绿色旅社”，其独特之处在于，建筑材料有一半取自经再生制造的铝、玻璃、铁、钢等；用品尽可能“安全”，如不含酸的信封、信纸，以植物油炼制的肥皂；床单、床罩、毛巾等均不用化学纤维，而用在种植过程中从未曾使用过化学杀虫剂和化肥的棉花和亚麻织成；电子过滤系统能保证清除自来水中的氯化物、有毒花粉和有毒微生物；而每间客房都有一架香味发生器，可根据客人需要向房中释放各种水果香味和花香。更引人注目的是，这家旅社不像别的酒店一样白天也灯火通明，而是将装饰用灯全部关掉。此举每年可省下电费30万元之巨，非但未遭到旅客埋怨，反而由于迎合了旅客节约能源的心理而大受赞许。

德国巴符州弗赖堡市也有一家“绿色旅馆”，这个旅馆原本是一个耗能大户，每年的耗电量为21万千瓦时，供暖消耗的能源每年为45万千瓦时。这相当于60户家庭的用电量和15栋家庭住宅楼供暖所需的能源消耗量。换言之，每个客人住一夜要耗能30千瓦时。这样的能源消耗量，无论对于紧缺的资源还是对环境而言，都是难以承受的。旅馆的老板决心改变这种局面，首先是将照明灯全部换成节能灯。在照明相同的条件下，用电量减少80%。其次是节水。按人体形态重新设计浴盆，在不牺牲舒适度和洗澡乐趣的情况下减少用水量30%，淋浴全部换成节水型的喷珠龙头。第三是采用新型建筑材料改造门窗。比如南面的窗户全部是隔热的玻璃，北面临街窗户安装的是隔音和保暖的玻璃，当然也有一部分采用既隔音又隔热，并且还保暖这样三位一体的新型玻璃。有的窗户同时也是通向阳台的门，窗户把手具有调节功能。这样节省资源的“绿色旅馆”经济、环保，迎合了旅客的环保心理。

查尔斯为环保牺牲滑雪之旅

英国王储查尔斯的发言人表示，查尔斯曾经决定取消定期的瑞士滑雪之旅，以减少飞行次数，减少温室气体排放量。查尔斯的美洲虎和兰德·路华汽车都被翻新，利用100%的生物发动机。查尔斯计划，只要在可能的情况下，就要乘火车而不是汽车，乘商业航班，不乘包租的私人飞机。

自查尔斯开始呼吁更明智地对待环境，并身体力行树立榜样，时间已过去 1/4 世纪。查尔斯有一个迄今为止最雄心勃勃的计划——给产品标注上它们的二氧化碳排放值。为了启动这项计划，查尔斯在伦敦圣詹姆士宫召集了 200 名声望显赫的人物进行商讨。查尔斯从自我做起，开始“计量”自己的“公爵原生”公司的环保代价，他 1990 年开办的这家食品公司备受瞩目，出售用900英亩家庭农场里所生产的有机小麦和燕麦制造的饼干。“公爵原生”公司出产约200种产品，去年销售额9 000万美元，其中净赢利230万美元，都用于捐助慈善事业，支撑起查尔斯所称的“美善循环”。原料都购自利用有机生长方法的小农家庭，而非查尔斯极其憎恶的大农场。

查尔斯王子已经把自己18世纪的海格罗夫庄园改造成“环保电源”，利用可持续的能源发电。庄园里有太阳能电池板提供暖气和热水，用木柴加热的锅炉，双层隔热的窗户和生态绝缘装置。庄园里有带围墙的菜园，在自我循环的基础上终年供给水果和蔬菜。里面甚至还有芦苇制作的排污系统处理废物，固体物质回收再利用作肥料，液体污水被重新净化为清洁的饮用水。

查尔斯在美国哈佛大学领取“全球环保公民奖”时发表环保宣言称：“我们把自己看做是超乎自然之外，觉得可以自由操纵和控制它，认为人类整体不会遭到报应，因此肆意妄为。美国和国外许多城市人口都是从电视屏幕上看到大自然的雄壮，他们自己很少切身感受大自然，使得大自然在他们眼里变成简单而空洞的体验，可以随意地开与关。因此，许多人已经丧失了我称之为天人合一的那种感觉。”

“大豆”战略与环保

大豆是巴西主要生产的农作物，每年的大豆种植面积都在不断增加，每年的大豆产量大约在6 000万吨左右。这一数量，几乎占巴西全国粮食和油籽作物总产量的一半以上。这就是支撑巴西农业的“大豆”战略。“大豆”战略，虽然给巴西带来丰硕的经济效益，却也对环境造成了很大的破坏。

巴西地处南美洲、亚马逊河流域，有着世界上最大的原始森林。但是，由于大量的种植大豆，使森林和植被遭受到了破坏。巴西国内的森林面积正在逐年缩减，如不加以控制，预计到 2020 年，南美将会有 2 200 万公顷的森林和热带丛林被毁掉。面对这一严重的危及环境的情况，巴西政府和环保组织呼吁农民们选择其他作物进行种植。最好是将大豆种植与放牧结合起来，轮流进行。对于这样的建议，农民们也都表示支持。在巴西的热带雨林里生活着很多珍稀动物，树懒、食蚁兽等都是生活在亚马逊丛林的特有动物，它们是地球上的宝贵精灵。因为人们的过度开发使用耕地而使这些动物失去了最适宜的生活环境，这是所有生活在地球上的人类所不愿看到的。

于是，在巴西，人们纷纷献计献策，欲达到使大豆增产而又不破坏环境的目的。最终达成共识，要在现有的土地上做文章，充分利用现有的每寸土地，包括道路的旁边和人口集中地区附近的土地。避免动植物原始栖息地的开发，并保证这一举措将在日后的若干年内得以施行。在经济利益和环境保护的冲突中，巴西选择了后者，无疑这将是一项利在千秋的大事业。

德国生态村

世界范围的生态环境保护和绿色运动的兴起，是20世纪人类发展史上的伟大历史事件。德国是对生态环境保护和绿色运动做出了重要贡献的国家，德国生态村的建设在20多年的实践探索中成为建筑新技术的展示地，在太阳能利用、节能、节水、绿化以及材料绿色化、技术集成化等方面都达到了很高水平。生态村的建设也是新生活模式的探索，生态村里节约物质和能源的精神以及自然质朴的环境正在孕育着一种节俭、健康、文明的新生活方式。

德国罗斯托克附近的胡克斯多夫生态村是一个 3 公顷大的农庄。这里每个家庭的共同目标是建立良好的邻里关系，与环境和谐友好地生活在一起，而与简单原始的田园生活无关。尽管如此，在开始阶段人们还是多以怀疑的目光看待胡克斯多夫的居民，直至今天仍有人用好奇的目光打量他们，就像观察温室里的植物。罗斯托克市政府的女新闻发言人海德龙·乌利娅已在生态村居住了两年，她的邻居中有司机、教师、建筑工程师，也有电脑专家。

胡克斯多夫村的居民住宅面积都在130平方米至180平方米，房子表面涂得五颜六色，但都是自然色彩，对建筑设计师格尔德·福格特来说这是不言而喻的事情。福格特不仅为每家每户设计了住宅，还参与制订了整个居民区的生态计划。他强调说：“我们没有使用任何有毒的建筑材料和人工材料。”

整幢住宅的每一个细节设计都考虑到生态因素：绿化过的房顶安装有太阳能装置，用来提供热水；自动供暖设备采用木屑和废木料作原料，成本仅为每立方米15马克；为达到良好的绝热保温效果，墙体与木质贴面之间特意加了一层亚麻。这样，每幢房子平均每月的电费有40马克就够了。此外，每幢房子还设计安装了水循环再利用系统，与普通住宅相比能节水30%到50%。如果有人愿意与环境和谐友好地生活在一起，花40万马克就可以在胡克斯多夫买下这样一幢生态住宅，实现自己的梦想。这里的每家每户之间没有篱笆和围墙，花园都是共享的，对孩子们来说这里就像是天堂。

回收旧光盘做电脑

随着信息技术的高速发展，光盘在人们日常生活中的使用越来越广。据统计，全球每年制造约200亿张光盘，并逐年递增，到2005年时，约有400亿张光盘进入市场。

由于光盘体积小，不那么占空间，分量轻，一张光盘仅15克，也不会对环境造成很大的危害，于是人们往往把光盘随意丢到柜子的角落里或扔到垃圾箱里。德国环境部最近的一项调查表明，在光盘使用量巨大的德国每年只有5 000吨的光盘被收集起来回收利用了，德国环境部认为人们还没有认识到光盘回收的环保价值，呼吁人们把光盘通过适当的途径收集起来，因为光盘是由占99%的聚合碳酸盐塑料、金属保护层（铝）、少量表面涂亮漆和油墨组成。光盘的回收可以得到很多的聚合碳酸盐塑料，它是一种高质量的塑料，可以作为原材料生产医疗器具、汽车和电脑，从而可以节省大量的原材料石油。

如何使光盘表面的铝保护层和塑料分离，是光盘循环的一个难点。铝保护层相当薄，但很牢固地粘附在光盘表面，必须添加石灰水和一些特殊的添加剂才能使之分离，1 000 吨的光盘进行循环，只能得到 100 公斤的铝，这些铝的市场价格也只是 100 欧元左右，但可以得到大量高质量的聚合碳酸盐塑料，用于电脑外壳和汽车零部件的生产。

在德国，已经有很多家专业的光盘循环公司。德国环境部在 1997 年 6 月就建立了一个全德国的光盘回收系统，并有一个官方的网站，人们可以从网站上了解到这些循环公司的回收系统，从而把光盘丢弃到指定的地点。德国电信和美国在线免费发放了大量的光盘做广告，用户可以把不需要的光盘退还到他们的经销点。德国环境部还呼吁各地积极组织光盘的分类回收，并鼓励光盘使用量大的政府、公司和大学组建自己的光盘分类回收系统。事实上帕德博恩大学和霍恩海姆大学等早就有了自己的校园光盘回收系统。而一些公司为节省能源和提高环保形象也开始对光盘循环利用，如索尼公司把废旧的光盘循环利用后生产成新的光盘壳。废旧光盘的利用现在已经系统化，并有了一定的成效。

法国的“青蛙绿色通道”

青蛙这种两栖类动物，在一定的季节会大量的迁移，给交通带来了很多考验。欧美很多国家以及澳大利亚、新西兰等国均已制定了相当严格的法律法规，穿越动物栖息地的铁路、公路工程除有交通部门认可外，还必须通过环保部门的鉴定。

法国东部重镇基里周围水草茂兴，生态环境优越，每年夏天，数以万计的青蛙从基里附近的河流迁至莱茵河上游繁殖，而后又不辞辛苦长途跋涉沿路返回，途中必经一段狭窄公路，每年有大批青蛙葬身于车轮滚滚的公路上，也给交通安全埋下了重大隐患。

为了保护生态平衡，前不久当地政府开展了“挽救青蛙，确保交通”的募捐活动。消息很快传开，上至法国政府官员，下到平民百姓，很快筹集到数十万法郎，交通部门利用这笔款子进行公路改道，打通了一条隧道以供车辆使用，原路段为"青蛙绿色通道"，使大批青蛙畅通无阻安全通行。在"青蛙绿色通道"两头，竖立着醒目高大的警示牌，告诫各种车辆禁止通行，违者将受到处罚，并派出环保巡警日夜监督。从此，大批青蛙有了繁衍生息的良好环境。

其他国家也有各种各样的青蛙保护活动。澳大利亚悉尼市建设奥运比赛场工程时，发现市郊霍姆布斯湾的沼泽地有种濒临绝种的青黄钟蛙。政府决定修改原来的建设场地计划。并再花 40 万澳元将这片沼泽地围起来，保护了青蛙的栖息地。德国的 A20 高速公路是德国有史以来修建的最昂贵的公路，全长 200 英里。工程共进行了十多个年头，总花费达 37 亿德国马克（约合 16.5 亿美元），于 2005 年完工。成本加大的原因是在工程建设的整个过程中他们都在密切注意着青蛙的动向，在公路两旁为植物和野生动物而改建桥梁、隧道，维持适宜野生动物生长的干燥或潮湿的栖息地。

世界上很多国家都为青蛙铺设穿过公路的通道，建造新的公路必须考虑青蛙的通道，凡是青蛙要经过的地段，都必须埋设直径为 30 到 40 厘米的地下管道。一些国家的政府还在蛙类迁移季节，对那些必须经过的主要公路进行封闭，以给青蛙们让路。

可以吃的环保牙签

牙签是日常生活中常用的物品。大多数国家的牙签都是木制的，但是韩国的牙签却是个另类。韩国生产的环保牙签是可以吃的，它是用可食用的原料制成的，番薯、绿豆粉和玉米粉是其主要的原料。这种牙签无毒无害，不仅环保，还有一定的柔软度，非常好用。

一开始生产这种环保牙签的初衷是为了不让木制的牙签伤害猪的肠子，因为将剩饭拿来喂猪，而掺杂在剩饭里的坚硬的牙签总是会伤害到猪的肠子。因此，一些养猪的人最先提出了设想，如果能用一种可软化的材质制作牙签就不会使猪受到伤害了。这一想法得到了韩国有关部门的大力支持，于是开始寻找天然原料，最终发现了番薯，也就是我们所说的山芋。用山芋制成的牙签呈白色透明状，细而柔软，不容易断，不易分叉，弹性很大不会伤害牙龈，并且将牙签扔入剩饭中即可软化，这样就增加了牙签的安全性。

不仅如此，环保牙签的诞生更有着另一方面非常重大的意义——节约木材。有了环保牙签，可从牙缝中挤出万亩绿地。在韩国，每年要消耗超过 6 000 亿支牙签，如果用木材制造，需消耗木材 160 万立方米，相当于 203 万亩树林；如果用竹子制造，需要消耗竹子 140 万吨，相当于 70 万亩竹林。这是一个非常惊人的数字。用环保牙签取代了木制牙签，就会节省了这万亩绿地，这真是隐藏在牙缝中的环保大工程啊！

然而，环保牙签的材料大多选用番薯等天然材料，成本相对较高，价格是木制牙签的 2 倍，在韩国环保牙签也一度遭到冷遇。但是，人们对环保牙签的优点还是非常的认可，它解决了伤猪问题，也节约了大量木材，利于环保。同时，人们用得放心，不伤牙齿，用后还可吃掉，减少了环境污染。尤其是这种可食用的环保牙签改变了木质牙签单调的样式，使牙签变得更为美观。最终，人们对环保牙签的喜爱胜过了它略高的价格。在韩国、日本，环保牙签受到了人们极大的欢迎，木制牙签已经被全面禁用。与此同时，环保牙签越来越被更多国家的人们认可，将会在全世界范围内得到推广。

环保牙签的前途无可限量。

让旧衣服时尚起来

环保的观念深入人心，在日本东京，人们充分地利用生活中的废品，发挥聪明才智，将其改造成了款款动人的时装。就在2000年夏日的一天，东京世田谷区市民在世田谷公园内，顶着烈日，展开了别开生面的环保宣传活动。活动紧扣市民日常生活，告诉人们如何把身边看似没用的废品，凭智慧挖掘出来，使其重放光彩。环保爱好者们搭起临时舞台。家庭主妇把她们用旧了的花被面、穿旧了的衬衫等加以改造，竟成了独具特色的时装，她们身着这些“环保时装”登台表演。

不仅普通民众在积极地用自己的行动宣传环保，减少垃圾和污染，就连日本的时装设计界也兴起了环保设计之风，在日本株式会社瑞可利举办的“环保·设计——300位日本设计师作品展”上，体现出了日本设计师的绝妙创意，他们将环保意识与创意思维巧妙结合并融为一体，从而设计出令人惊艳的艺术作品。整个展览，透过生活与美学的结合，传递出关爱大自然，关爱生态平衡的绿色讯息。

环保渗透到了民众生活的每个部分，在日本，服装制造商们也积极地研发制造环保面料。在2008年举办的春季成衣及时装材料展上，由日本首席潮流预测师及纺织品专家井上幸子联同展会主办方共同开发了全新的环保卷标制度，清楚表明了哪些产品元素具有环保效益，如原材料、生产或加工过程，为消费者带来更大的信息透明度。各位参展商都以介绍自己制造的环保面料给消费者为主要的营销手段。一名日本参展商说：“在日本，我们在环保纺织品制造方面拥有先进的技术，因此我们希望结合环保面料与优良设计，制造出时尚的环保服装产品。”

除了设计及生产环节的环保理念，日本渐渐兴起了专业回收旧衣物的企业。日本高岛屋公司成功地将回收来的旧西服制成汽车的隔热和隔音材料，实现了旧衣物的再生利用。随着回收事业的不断深入，日本企业还推出用这些回收原料制作的环保服装。人们日常接触最多的服装，在设计师、制造商、消费者和回收处理企业之间形成了如此契合的环保理念，使得服装也成为环保事业的一员大将。

剩饭也是环境杀手

在英国，每年会有330万吨的剩饭产生，平均每个家庭每年扔掉250-400英镑的食物，其中包括1/3蔬果，1/5面包和蛋糕，此外还有生肉鱼、残羹剩饭及速冻食品。这些剩菜剩饭使每个英国家庭年均损失约500-800美元。这一系列惊人的数字在日常生活中总是被人们忽略，然而剩饭的污染却比塑料袋更为严重。因为食物供应链排放的二氧化碳量极大，占英国总碳排放量的1/5，而扔掉的食物大多作为垃圾填埋，由此释放出的甲烷更是极具危害性的温室气体。

为了节约粮食及净化空气，英国开始大力提倡避免剩饭。英国多家环保组织纷纷向英国民众宣传剩饭的严重污染，并同时引导人们做出正确的处理方法，请人们在购物之前关注自家的冰箱和橱柜，精确计算家庭的用餐量，并且学会利用已过有效期的食物和剩菜。为此，英国全国妇女联合会还推出了系列菜谱，教人们如何充分利用食物。比如说，可以把发蔫的苹果、橙子、葡萄等加上洋葱、辣椒制成酸辣酱；煎炸并煮熟上顿剩的菜泥，或用剩菜炖汤等。当然，这要在确保食物没腐烂的前提下。同时，英国的烹饪专家们也建议大家，尽量减少购买“成品”，最好自己下厨。这样不仅能减少浪费，还有助于减肥。这样的招法，逐渐得到了英国主妇们的广泛青睐。在英国民众中，节省食物、利用剩饭已成为一种美德，并在遵守的过程中享受着更为健康有益的生活情调。节省和利用剩饭已成为了人们的生活习惯。

通过这样的努力，英国国内垃圾每年减少 300 吨，垃圾车每周一次上门回收剩饭，已有 400 万人成为了忠实的回收者，英国的空气质量也在逐步改善。这种既环保又节约的举措，将会被更多的国家采用。

英国环保频出新招

英国是一个注重环保的国家，它的一项环保高招真是让人拍案叫绝。英国一家公共汽车公司想出了出人意料的环保高招，在一辆公共汽车上放置了一个大水箱。里面装着的就是环保的新法宝——绵羊尿。

这家公共汽车公司之所以用这样的方式，就是想要净化公共汽车尾气的排放。汽车在行驶的过程中会排放出很多的尾气，尾气中的最主要有害物质就是一氧化二氮，尿素中含有的氨水可以与一氧化二氮发生化学作用，将有害物质分解为氮气和水，以水蒸气的方式挥发出来，这样就起到了净化空气，排解有害物质的作用了。这样的公共汽车早在两年前就已经在英国上路载客了。

这种环保方法虽然看似怪异但是却真的行之有效。其实，汽车所装载的绵羊尿是经过加工提纯的，绵羊尿来自于一个生产化肥的加工厂，工厂先将足够的绵羊尿收集起来，然后再提炼出纯尿素，最后将其卖给公共汽车公司。加上最新研制的尿素喷射系统，这样新型的环保装置就可以使用了。这种尿素装置安装使用后，城市的空气得到了改善。人们都说伦敦的环境更加适宜居住了。在伦敦这样的环保小事还有很多，人们已经习惯在做任何事情之前都要考虑其环保性，不利于环保的事情最好不做，如果必须做也要想出有利于环保的措施。在英国，每个租房户都需要在租房子之前向环保部门申请审核，对房屋的环保性能做出评估，如有达不到标准的情况，就必须提前支付一定的环保费用。如果有哪个家庭制造出了过多的垃圾也要对超额的部分垃圾纳税。这些做法都是为了让人们能够把环保作为一种习惯，让环保的意识深入人心。

环保家具受欢迎

美国人越来越注重日常生活中的环保意识，在衣食住行各个方面都力求做到环保。家具对于室内空气的影响十分巨大，所以在买家具时，美国人也不忘追求环保理念，环保的绿色家具成为家具市场的主流。美国人买家具时都首先要求商家出示绿色环保标志。人们宁肯多花一些钱也要买到无毒无害、无副作用的环保家具。

环保家具的特别之处在于它完全是用有利于环境的可再生材料制作而成，比如有可快速成材的再生森林、竹子，甚至羽毛也可被利用其中。并且，环保家具在制作的过程中放弃使用传统的粘合剂和油漆，取而代之的是天然漆。化学粘合剂和油漆含有甲醛、乙醚、苯和氨等挥发性污染物，极易对环境及人体健康构成危害，引发诸如气管炎、皮炎等疾病，长期置身其中可能影响生育甚至致癌。环保家具没有了油漆的刺鼻气味，减少了有害气体的散发，对居住人的身体健康更加有了保障。

环保家具自诞生以来，受到了人们的极大推崇，每一年的销售数量都呈现出几倍的上升趋势。美国为了进一步保障人们的利益，对环保家具的售后服务和退换货制度都做出了严格细致的规定。一旦发生顾客因为产品污染而生病的现象，商家就要承担几倍的赔偿责任。一些商家为了增加人们对其家具质量的信心，对退换货的时间也是不断地延长，一般的承诺是在30天内可以无条件的退换货，可以在100天内保修。这项政策的受益者无疑是购买者，人们给予了环保家具极大的认可。越来越多的人已经加入到使用和宣传环保家具的行列中。

石油换扫帚

委内瑞拉是拉丁美洲的一个较为发达的国家，是世界上重要的石油生产国和出口国。石油工业在其国家的经济发展中占有重要的地位。在这个盛产石油的国家里缺少的是一套科学实用的环境保护方法。于是，委内瑞拉决定拜师学艺，请有经验的专家帮助进行治理环境，他们选择了伦敦，并提出用100万桶原油作为酬劳。

以石油换扫帚，无疑就是以经济换管理。委内瑞拉将通过闭路电视监控系统、指纹技术等伦敦的专业城市治理经验，管理本国的运输系统和打击犯罪。伦敦将派出顾问前往委内瑞拉首都加拉加斯，为当地的垃圾处理、空气净化和成人教育提供帮助。伦敦将从委内瑞拉获得一定数目的廉价石油，可能超过

100 万桶，作为 8 000 辆公交车每年所需的 130 万桶原油的一部分。作为回报，伦敦市长助理承诺，将通过这笔交易对伦敦穷人有所帮助，以及在公交车上张贴广告宣传委内瑞拉旅游业，来积极有效地提高委内瑞拉在英国的形象。

委内瑞拉从伦敦学习到了丰富的治城经验，伦敦从委内瑞拉取得了廉价的石油，使穷人受益。这样的互惠互利带来了双赢。

石油是地球赐予人类的礼物，而人类应以科学的环境管理方法回馈给地球。

环保造就了美丽的花园之都

新加坡被誉为“美丽的花园城市”。旅游业十分发达，每年到这里观光的游客达四五百万。在高层建筑物之间，都留有较大的空地布置绿化，设有花架、花坛，并广植花草。因此，市区地面除了柏油马路和铺砖的便道以外，均以花草树木覆盖，可以说做到了“黄土不见天”。新加坡除了园林绿化举世瞩目外，城市环境卫生也很出色，空气清新宜人。市内街道非常清洁，马路上根本看不到垃圾，就连建筑物上也极干净，确是一尘不染。新加坡政府规定，市民中凡是种花较好的，可以享受减免房租的优待。因此，新加坡人人爱花，家家养花，不但地上种花，连屋顶也栽花，真是一片花的海洋。所以，新加坡还有“花园之国”、“花园之都”、“公园国家”的美誉。新加坡拥有其独特的一套环保政策和措施。

新加坡对于环境问题拥有非常完备的立法，来约束人们的行为。街头严禁乱扔烟头及杂物，乱扔纸屑、烟头罚500新加坡元；严禁随地吐痰；对于那些信手涂鸦、破坏环境者，都会受到鞭刑的处罚。新加坡的罚款数额极高，堪称世界之最。更有甚者，还将要承担刑事责任。在这样的大棒政策的监督下，新加坡民众已逐渐养成了保护环境卫生的好习惯。

新加坡在高压管理的前提下，更注重对民众的思想教育。环境教育成为学校的课程，鼓励每所学校至少成立一个环保俱乐部，并设法在大专学府培养环保大使。进行群众教育，向群众灌输环境意识和社会责任是新加坡解决环境问题的关键。

同时，新加坡还重视开发循环经济，定期回收旧纸张、旧衣服、电器元件等可再生垃圾。对于废水、废气问题，新加坡还设立了专门的办事机构，帮助厂家和居民提高资源的利用效率，减少废物的产生，最终实现新加坡“零废物”的目标。细小之处，却见大成效。经过近半个世纪的不懈努力与坚持，终于呈现出了一个花园般清新宜人的美丽之国——新加坡。

新加坡是称誉全球的花园城市。早在1992年，新加坡就颁布了进口及销售口香糖的禁令，并严厉执行，以确保环境的清洁美观。直到前不久，新加坡政府才解除了口香糖禁令；但又规定，吃口香糖必须先登记，只有登记注册后才能合法地吃口香糖。

新加坡政府对于乱扔烟头、乱弹烟灰者也处以严厉惩罚。为此市场上推出一种小巧的圆形烟灰盒，直径只有5厘米。这种金属制环保烟灰盒的面上有一直径3厘米的盖子可掀起，盒内可容纳3-4支烟的烟灰和烟头，合上盖子，密封无缝，适合于随身携带。新加坡烟民大多随身带上它外出，不让烟头、烟灰破坏整洁的环境。

“草根”意识染绿德国

弗赖堡是德国西南部的一座城市，是一座美丽而优雅的城市。可以被称为是德国的环保之都。在这座城市里，到处充满着绿色的气息。人们的环保意识十分强烈，人们出行首选的就是自行车或者有轨电车，很少见到有私家车在街道上驰骋，垃圾都会分类地放进不同的垃圾箱里，街道两旁林立着的都是环保建筑。弗赖堡市政府还会定期地向市民们征询一些环保的措施和建议。

在弗赖堡的城市里，大力推广环保节能房。因为人们认为普通的房屋会消耗过多的能量，应该充分利用太阳的能量。“太阳能住宅”就完全是利用太阳能和人散发的热能来供暖。普通的民居每年每平方米耗电 220 千瓦时，而在节能建筑里相同的面积需要耗费的只有 15 千瓦时。这种太阳能住宅外部铺有 3 层由泡沫塑料和绝缘材料组成的隔热层，密封性极强。天花板层和墙壁内装有通风系统，天冷时，墙内波状管道可将室内向外流出空气中的热量传递给从室外进入的冷空气。同时，房屋还能自动吸收烹饪、亮灯，甚至人和宠物身上散发的热量。根据设计者的计算，30 支蜡烛的能量就可以让整个屋子热起来。这种环保的节能房屋会为屋子的主人节省大量的电费。这种太阳能环保房，在德国深受人们的喜爱。在一些公用设施建筑，都会在楼顶的平台上安装太阳能的电池板，通过太阳能来吸收热量。人们出行总是喜欢骑车或是乘坐有轨电车，因为在德国电车的路线四通八达，这样便利的交通让人们自觉地放弃了开车的机会。人们习惯于尊重自然，爱护自然。同时政府还有一套严格的环境政策法规。在德国，严格地限制在马路两旁停车的时间，并且还要为在市区停车支付高额的停车费用。

德国人已经把环保融入到了生活中，环保就是生活的一部分。爱护身边的一草一木，爱护身边的环境。德国人的环保意识就像“草根”一样，在德国这片土壤里生根发芽。带着德国民众的草根意识，德国会更加快步地走向环保绿色的未来。

和白色污染说再见

在瑞士，不给顾客提供免费购物袋的情况并不普遍，瑞士对于白色塑料污染的整治主要注重的是对市民自觉性的培养。

瑞士的街头巷尾都有免费提供的塑料袋。在瑞士的两大超市集团——米格罗和高普有大量的免费塑料袋，加油站里有免费的塑料指套供驾车者查看机油尺而不会弄脏手；垃圾箱旁的免费塑料袋是供狗主人及时清理狗粪的；超市内的生鲜柜台把商品用塑料袋再包装一层；面包架旁也有带气孔的小袋子供免费使用。可以说，塑料袋广泛地在瑞士社会生活的各个方面应用，人们的生活处处都离不开塑料袋。

但在瑞士的超市里，经常会看到“不可思议”的事情发生。明明有商家提供的免费塑料袋，但偏偏有不少人花5瑞郎买两个纸袋子把自己的东西装走。而更多人是有备而来，拿出自带的布袋子和可重复使用的结实塑料袋；穿着裘皮大衣的老妇人推着帆布袋的小购物车，神态自然，并没有觉得"掉价"，而驾车来的顾客则用商家的购物车把买的东西送到自家车上，后备厢里放着常备的纸箱子。而有的超市则允许周边居民将购物车推到家里，超市派人集中收回。总之，去超市的人好像商量好了一样，都尽量少用或不用免费塑料袋，是一种"集体有意识"。用"富而不奢"来形容瑞士人很是恰当，这种公德意识的确让人感慨不已。

当然，这种意识绝不是一两天就能形成的。节能环保意识可以说是伴随瑞士人终身的课题。从孩童咿呀学语开始就跟妈妈学垃圾的分类投放，知道苹果皮与玻璃瓶绝不能放在一个垃圾袋里，而上学后不仅要学环保相关法律，还会去垃圾处理厂上实践课；成年人既要给下一代做表率，更要做个负责任的公民。有统计表明，80%以上的瑞士人都以自己的国家环境优美、生活富足为骄傲。

所以，在瑞士根本看不到白色污染的现象。在公共场所里绝不会看到一只被丢弃的废塑料袋，更谈不上塑料袋"漫天飞舞"、挂在树上、被动物吞吃塞住了胃的事情发生。可以说，在瑞士根本没有白色污染。

瑞士是一个十分注重环保的国家，在学校的基础课程中都设有环保这一门，孩子们从小就培养环保的习惯。即使有大量的塑料袋提供，也不会有人滥用乱扔。瑞士人总是非常自豪地说：“在我们的国家里，要永远的和白色污染说再见。”

环保桑巴舞

在2000年，巴西的里约热内卢举行了一场别开生面的环保桑巴舞游行。游行在巴西里约热内卢的美丽的戈巴卡巴纳海滩沿线的海滨大道举行。人们穿着各色的衣服，跳着热情的桑巴舞，呼吁人们积极参与环境保护，把巴西建设成为美丽的家园。

游行者以学生居多，每个学校都各自组成方队，进行着歌舞表演，人们的脸上都洋溢着快乐的表情。他们身上的衣服都是用回收的废旧物品制成，并且都是游行的人们亲手制作，穿着起来别有风味。这样做的目的，是想让人们意识到物品的可再利用性，不要轻易地扔掉生活中还能再利用的东西，减少垃圾数量。在游行队伍的两侧有两条黑色的长龙，这象征着里约热内卢周围海域曾经因为石油泄露而造成的污染，警戒人们永远不要忘记这次事故沉重的代价，唤醒人们的环保意识。在方队的最前方，有四个由少女们组成的小方队，她们在游行队伍中显得格外的惹眼，她们有着曼妙的舞姿和不断变化的队列，吸引了很多观看者的视线。这四个方队有着四种不同的寓意，分别代表着保护空气、保护土地、保护生物、保护水源。人们已经逐渐意识到了自然环境和资源的重要性，只要保护好自然环境，与自然环境和谐共处才会带来人类自身的发展。人们怎样对待自然界，自然界就会怎样的回馈人类。巴西对这一点认识得更为深刻，里约热内卢是一座美丽的海滨城市，城市经济以旅游业为主，是世界著名的旅游城市，每年吸引了数以万计的游客前来观光。人们都钟爱这里的碧海蓝天、阳光沙滩。

里约热内卢在每年的六月份都要举行这样的桑巴舞游行，用巴西最为古老而热情的音乐、舞蹈来展示里约热内卢的独特魅力。更重要的是，向人们宣传环保的重要性，让环保的意识深入人心，让每个人都能自觉加入环保行列，为生存环境的改善而进行努力。环保意识的贯彻更要注意从小培养，巴西的学校里面专门开设了环保的课程。桑巴舞的游行队伍里也在逐渐地增加孩子们的表演，这样身体力行地参加到环保的活动中，更有利于增强孩子们对环保的理解。环保桑巴，让巴西的海滩更加迷人。

绿色新能源　牛粪来发电

以色列是一个很注重环保的国家，国家下发了一系列有关环保的政策，其中一项就是禁止在公共区域里倾倒动物的粪便。这一政策难倒了很多的奶农。以色列的奶牛业非常发达，每天奶牛的粪便就可以达到上百万吨。一项新能源的开发应用，解决了农户们的这一忧患，同时极大地改善了发电带来的污染问题。借助生物发电技术，以色列建立了一个牛粪发电厂，利用牛粪来发电，开始了新能源的开发利用。

以色列的牛粪发电厂是第一家以动物粪便来发电的供电厂。每天发电厂的卡车都会从当地 55 个奶牛养殖厂收集将近 600 吨的粪便。运回发电厂后经过搅拌、杀菌等程序后再倒入一个隔绝空气的大容器中，积蓄和释放沼气，最后通过燃烧沼气就可以发电了。这样环保的发电方式使发电厂的生产可以达到污染零排放，既节约了成本又保护了环境。据统计，每600吨的牛粪就可以产生两兆瓦时的电力，附近农户们所用的电力都是来自于这家牛粪发电厂。变牛粪为宝，解决了牛粪垃圾处理难的问题，又利用其解决了部分农户的电力，这真是一举两得。技术人员在此基础上又开始了新的研究，希望可以利用牛粪制造电池，制造出没有辐射、没有污染的环保电池。

以色列的牛粪发电，为人们又带来了一项绿色新能源的开发应用。每一次新能源的应用都会为人类带来一次新的契机，保护人类共同的家园，节省人类共同的资源，变废物为新能源，是非常理想的选择。

美国加利福尼亚州也有一个燃烧牛粪的发电厂。电厂附近有一个巨型的养牛场，每天排泄的牛粪堆积如山，美国能源公司于是想到利用牛粪燃烧发电。

这家牛粪发电厂每小时燃烧40吨牛粪，可发出1.6万千瓦的电力。每年可获得800万美元，5年多就能回收4 600万美元的投资。用牛粪发电，每千瓦小时的成本才7美分。除生产电力外，每天排出的约160吨灰渣，可卖给公路建设部门用于铺设路基，有的用作农田的肥料，有的还可作污水吸附剂。用牛粪作燃料发电，每年相当于节省了约30万桶石油。牛粪发电厂的工人们先把收集来的牛粪堆积自然风干达到脱水标准后，直接送到炉膛内燃烧。炉膛内有多层炉床干燥器和搅拌器，以利于牛粪完全燃烧。为了消除牛粪燃烧时产生的臭味，在燃烧炉内有一个处理残存挥发物和臭气的“后燃器”。后燃器中放有石灰石来吸收二氧化硫等有害气体，使排出的废气净化，不致严重污染空气。牛粪电厂每天用牛粪 800 吨，输送带每天不停地开动，把牛粪送到焚烧炉内燃烧，它产生的热能使锅炉内的水每小时产生 68 吨蒸汽，推动一部涡轮发电机发电。其电力足够供应 2 万户家庭使用。

草电站

草电站发电的主要原料是象草。象草因为大象爱吃而得名，是热带、亚热带地区多年生草本植物。这种草生长比较快，植株可高达35米，可燃性好，可用于发电。草电站建成后将每天24小时运行，每小时可减少1吨二氧化碳排放量。因为象草生长非常快，可以大量吸收二氧化碳。采用象草发电后，排出的二氧化碳可以被附近生长的象草所吸收，这样排出的二氧化碳少于象草所吸收的二氧化碳。除象草外，其他植物干制品也可用于发电。

菠菜造电池

首先从菠菜叶的叶绿体中分离出多种蛋白质，并将蛋白质放到内有两层导电物质的一个特殊装置中间，就制成了一种新型电池。这些蛋白质分子与一种肽分子混合，这种肽分子能在蛋白质分子外形成保护层，为其创造类似叶片内的生存环境。蛋白质分子铺在一层金质薄膜上，而后在其最上方再加一层有机导电材料，做成类似“三明治”的装置。当太阳光照到“三明治”时，因发生光合作用而产生电流。这种新型植物电池将比目前市场上的太阳能硅电池更为高效。

法国：方便的公共汽车

随着经济的发展，人们的生活条件逐渐得到了改善。法国的家庭拥有私家车非常普及，甚至有的家庭有两三台私家车。这样的状况对于环境的挑战实在是太大了，堵塞的交通、浑浊的空气给城市带来了巨大的压力。出于环保的考虑，法国政府积极鼓励市民选用公共交通出行。一些有车的人也放弃了自己的爱车，每天都乘坐公共交通工具上下班。

在法国，乘坐公共汽车是十分方便的，公共汽车的路线四通八达。在每个公交车的站点都会张贴着一张公共汽车时刻表，在总站还可以免费索取。在时刻表上会清晰地标注上每一线路的首末班车的时间，以及到达每个站点的时间，时间误差不会超过两分钟。并且时刻表上还会有每个公交车的线路图，即使是外地人也可以方便地乘坐。这样就减少了乘客盲目等待公交车的时间，即使是在交通十分繁忙的时间段，公交车还是会准时到达。人们对于公交车的方便实用性非常认可，认为乘坐公共汽车出行并不比开私家车的感觉差，但却可以起到保护环境的功效。

在公共汽车的车内，安装有很多的红色按键。想要下车的乘客可以提前按下按键，提醒司机在下一站停车。如果没有人按键，而下一站又没有人要上车，为了节省时间，司机就可以不停车直接通过，提高了公共汽车的运载效率。但是这样的状况只是限于在交通繁忙的时候，如果是在早上或是深夜，即使乘客不多，司机也会在每一个公交车站都停车。

在巴黎，公共汽车的车票形式有很多，但是大多数人选择的都是“一票通”。这种票可以乘坐公共汽车、地铁、有轨电车，免除了携带多种公交车票的烦恼。车票可以上车买，也可以提前的成批购买，大多数的人都喜欢成批购买的方式，因为这样购买价钱便宜，有些人还喜欢购买年票、月票等等，因为这样更加经济划算。

法国的公共汽车方便实用，为人们出行带来方便。选择了公共汽车，就意味着远离交通事故和道路堵塞，更意味着选择了环保。法国人越来越喜爱公共交通的出行方式，法国的公共汽车的车型也总是向着更先进、舒适的方向发展变化。也许在未来，法国的公共汽车会抢占轿车的市场，因为它带来的是新鲜的空气、恬静的生活，这要比昂贵的轿车更吸引人。

豪华酒店改打环保牌

旧金山的豪华酒店真不少，庞大的门面，奢华的建筑，灯火通明的大堂，弥漫着强化学品气味的房间，即用即换的生活用品，这一切都彰显着这座城市的富有与华贵。但却也因此笼罩着一层缺乏环保的气息。随着现如今人们环保意识的逐渐增强，旅行中的人们更注意每一个环保的细节，选择酒店亦是如此。人们对环保酒店的特殊青睐，使旧金山的几家大酒店也都争相打起了环保牌。

旧金山知名的果园酒店和奇顿酒店，就都推行了一系列的环保举措。在环保酒店的洗手间里都会有这样的提示牌：如果您关爱环境，请将用过的毛巾搭回架子上，减少清洗的次数有助于减少肥皂污染。以此种方式来呼吁入住的宾客节约用水和用电。更有一些环保高招，比如说，床单和毛巾循环使用，不提供每天更换。酒店还都装有低用水量的厕所和淋浴设备，使用无毒的清洁工具，用大豆油墨水和再生纸为客人打印账单。有时，人们对酒店的环保存在误区，认为环保即意味着粗糙的生活。其实，绿色环保与舒适并不矛盾。环保的同时也可以享受舒适的感觉，环保并不等同于潮湿的毛巾、粗糙的纺织品、无香的肥皂。环保恰恰意味着更高的技术含量，循环利用的同时更要保证物品的安全与清洁。

在美国，酒店业正在推行绿色认证制度。只有符合一定标准的酒店，才可以获得这一绿色认证标志，才可以被称之为是绿色环保酒店。要求酒店的建筑尽可能地控制水和能源的使用，改善空气质量，并减少有毒、有害物质的使用。目前，获此殊荣的只有四家酒店，分别是：果园酒店、位于华盛顿的希尔顿温哥华酒店、加州美国大峡谷附近的佳雅纳帕酒店和位于马里兰州阿尔德菲的万豪酒店。另外还有八十几家类似环保酒店在建设过程中。酒店业的经营者们为环保不懈地努力着——为环保这个相同的目标采取了各种不同的方法，而他们的努力也昭示着酒店业绿色环保之路的美好未来。

阿根廷的回收物艺术品展

阿根廷人喜爱足球，也喜爱艺术。在巴西的布宜诺斯艾利斯举办了一个用废旧金属制成的回收物艺术品展，艺术家们把收集来的废旧金属集合起来，制成了形态各异的艺术品，在布宜诺斯艾利斯的植物园里公开展出，得到了很多人的关注和喜爱。

布宜诺斯艾利斯的22位艺术家参加了这次活动，共制作出了100件回收物艺术品。以此来呼吁民众更加关注环保。阿根廷的这次艺术品展得到了全世界很多国家的关注，认为这是一种很别出心裁的宣传环保方式，艺术品也很有欣赏性。虽然这些艺术品并没有精美的外表，材质更是廉价，但是给人们带来的震撼确实十分巨大，让人们不由得感叹废旧的物品同样可以创造出美丽和艺术。此后，艺术品展开始了它的环球之旅，得到了很多国家的邀请，所到之处，人们无不为之震撼。同时也掀起了各个国家开展回收物艺术品展的热潮，人们纷纷寻找身边的旧物，进行二次创作，其中不乏一些具有很高艺术造诣的惊世之作。

废物利用是一种精神享受，不能用金钱来衡量和换取，如果有心，会发现其实美丽就在身边。

用废纸也可以建造出房子

房子是生活中不可或缺的重要部分。有了房子是温馨家庭的前提。人们对房子的要求已经越来越高，房子的格局、装修都花费了人们很多的精力。可是你想过用纸建造房子吗？在纸做的房子里会是什么感觉呢，我想没有亲眼见过的人一定难以置信。

在阿根廷就出现了这种用纸做的房子，它首先出现在阿根廷一个普通的经济住房区的贫民窟里，为了检验房子的优劣，在这个贫民窟里的六位年轻小伙子亲手用纸质的建筑材料建造了自己的房屋。房子长约 6 米，宽 3 米，共建造了 6 套这样的房屋。经过一段时间的居住，住在里面的人觉得并无不良的感觉，相反，感觉到房子有很好的隔凉保温作用。

这种房子的建筑材料的的确确是用生活中的废纸制造的。这项技术是阿根廷的一位著名的建筑师和他的同事们，利用废弃的纸研制出可以建造房屋的纸砖和纸板。这项新技术的开发，立即得到了阿根廷政府的认可，已被列入了“大众住房工厂”或“建材小工厂”计划。在阿根廷，有很多人的居住条件不好，因为没有钱来购买传统的建筑材料而无法拥有自己的房屋。一种价钱便宜而又耐用的建筑材料的开发研制，解决了阿根廷国内很多贫困人群的居住问题。阿根廷已经成立了住房研究实验室，专门研究这项技术。技术人员在材料中又添加了花生皮作为原料。因为花生是阿根廷的主要农作物之一，花生产量很高，随之而来的花生皮也带来了很大的忧患。每年都会有成千上万吨的花生皮被埋入地下，这样会产生大量的温室气体，对环境造成了很大的危害。如果能让这些大量的花生皮变废为宝，那真是一举两得。实验室将回收的废纸和花生皮捣碎，掺入了一定比例的沙子和石灰，制成了纸砖和纸板。纸砖纸板比起传统的砖板质量会轻很多，一般的水泥板的重量大约在 14 公斤，而纸板的重量只有 8 公斤。普通的砖重量是 2 公斤，而纸砖重量只有 1 公斤。同时，因为这样制成的砖板表面非常粗糙，水泥在这种建筑材料上的附着力特别强。另外，在这种建筑材料中会有很多的空气，有很强的保温隔热的功效。

这种建筑材料经过试验后，会在阿根廷大面积使用。成本低、耐用而又具有防震的功效，这样的房子在阿根廷有着广泛的市场。同时，解决了废物堆积的环境问题，通过对废物的循环利用而节省了很多的资源。这样的新技术也得到了全世界的认可，一经推出，就得到了德国技术部门的赞助。也许在不久的将来，世界上的各个国家地区的人们都会住上这种用纸做成的房子，没有污染，没有喧嚣，生活会充满了绿色环保的气息。

净化生活环境

各国都在为净化生活环境而进行着持久的努力，希望自己的国民都生活在一个空气清新、景色怡人的环境之下。早些年为了发展工业而遗留下的环境问题，现在已经浮出水面，而今，人们下大力气希望洗刷掉从前留下的污染痕迹，还地球一个本来的面貌。丹麦、日本等很多国家纷纷行动起来。

丹麦是发达的工业国家，在工业领域有很先进的生产经验和技术。丹麦的国土面积很小，在发展工业的过程中，势必会对丹麦的土地造成工业上的污染。为了防止受污染的土地对人们造成伤害，丹麦政府决定对污染的土地进行消毒。政府制订了一项给污染土壤进行消毒的计划：估计用 30 年的时间，采用生物分解、水冲洗以及高温处理等办法，对过去和现在的化学、铸钢、采矿企业所在地的土壤，进行消毒清洁，以消除污染。

日本则是用风车来净化湖水。日本第二大湖——霞浦湖的湖边有一高25米、4个叶片直径为20米的荷兰式风车，既是供人观赏的一景，同时也是净化湖水的设施。风车随着叶片转动，内部的一台水泵将湖水不断汲上，再通过过滤器将水中的浮游垃圾及污物除去，然后将这些去污的湖水再排入一座水生植物园，用于灌溉花草和养金鱼等，为湖、园平添了清丽脱俗的气氛。

虽然这些都是国家实行的大举措，但是环保更是每个人的责任，环保从小事做起，人人都要为环保做出自己的贡献。

能净化环境的植物

月季　能吸收硫化氢、氟化氢、苯、乙苯酚、乙醚等气体；对二氧化硫、二氧化氮也具有相当的抵抗能力。

杜鹃　是抗二氧化硫等污染较理想的花木。如石岩杜鹃在距二氧化硫污染源300米的地方也能正常萌芽抽枝。

木槿　能吸收二氧化硫、氯气、氯化氢、氧化锌等有害气体。在距氟污染源150米的地方亦能正常生长。

紫薇　对二氧化硫、氯化氢、氯气、氟化氢等有毒气体抵抗性较强，每公斤紫薇干叶能吸收硫10克左右。

山茶花　能抗御二氧化硫、氯化氢、铬酸和硝酸烟雾等有害物质的侵害，对大气有净化作用。

米兰　能吸收大气中的二氧化硫和氯气。在含0.001%氯气的空气中熏4小时，1公斤米兰叶吸氯量为0.0048克。

桂花　对化学烟雾有特殊的抵抗能力，对氯化氢、硫化氢、苯酚等污染物有不同程度的抵抗性，在氯污染区种植48天后，1公斤叶片可吸收氯4.8克。它还能吸收汞蒸气。

梅树　对环境中二氧化硫、氟化氢、硫化氢、乙烯、苯、醛等的污染，都有监测能力。一旦环境中出现硫化物，它的叶片上就会出现斑纹，甚至枯黄脱落。这便是向人们发出的警报。

桃树　对污染环境的硫化物、氯化物等特别敏感。因此，可用来监测上述有害物质。

石榴树　抗污染面较广，它能吸收二氧化硫，对氯气、氯化氢、臭氧、水杨酸、二氧化氮、硫化氢等都有吸收和抵御作用。

倒垃圾需过秤

只听说收废品要过秤算钱，却没听说过倒垃圾要过秤交费。可是前不久，爱尔兰环境部宣布了一个按量交费的清理垃圾计划。这个计划引进了一种新式收垃圾的系统，所有地方行政当局将对公共设施和住户的垃圾实行计量，要么称重量，要么按体积量，倒垃圾的人必须按实际的垃圾量交纳清理费。

其实，在推出这一计划之前，爱尔兰已经在个别地区进行了试点，结果显示，“按量交费” 的垃圾清理计划一实施，试点地区的垃圾排放量就明显减少，人们回收使用物品的意识明显增强， 为清理垃圾所付的钱反而少下来了。在非试点地区，每年向垃圾倾倒者收固定的清理费，结果垃圾排放就没有什么节制，许多能再次利用的物品也当垃圾扔掉，市政清理垃圾的任务艰巨。

瑞士还有更发达高效的垃圾处理方法。一旦某件物品被确定为垃圾，它便进入了一个封闭的循环系统，从此“不见天日”。瑞士的垃圾从源头开始治理，实行严格的垃圾分类制度。三个垃圾箱，分别标注“可回收”、“废旧纸张”和“厨余”。在有些地方，垃圾的分类更为细化，甚至不同颜色的玻璃瓶都不能放在一处。每天清晨，都会有一些封闭性很好的垃圾车直接送到垃圾处理场，进行分类处理，绝不会发生遗洒，甚至在车边经过也一点异味都闻不到。垃圾送到处理厂后，厨余垃圾被制成肥料，可再利用的塑料、玻璃、金属等都变成了新的生产资料。极少量的有毒物质进行深埋处理。瑞士的废品再循环利用率很高，据统计，70%的废纸，95%的废玻璃，71%的塑料瓶和近 90%的铝罐以及 75%的锡罐都得到回收，废旧电池的回收率达到了三分之二。垃圾处理厂对收到的垃圾实行收费制度，每吨约为 180 瑞郎（约 1 100 元人民币）。这些钱一部分从房屋管理公司收的物业费中提取，一部分由政府财政补贴，还有一部分来自出售垃圾专用袋的收入。对于民用垃圾并不单独收取垃圾处理费，而对企业则严厉得多。对没有分类的混合垃圾，除每立方米要收 100 多瑞郎的分捡费外，每拖斗（约 800 升）垃圾还要收取 30 瑞郎的运输费用。这些制度使瑞士的环保产业形成一个完整的工业体系，并得到蓬勃发展，目前年经营额已达约 100 亿瑞郎。

匈牙利推广“能源草”

人类总是在不断地探索着绿化家园、美化地球的新方法，希望通过不断地绿化来改善人类的生存环境。种树植草是最为广泛采用的方法，匈牙利的农业科学研究者通过多年的不懈努力、无数次的改良实验，终于研制出一种新型的“能源草”，并计划要在匈牙利全国范围内推广种植。

这种“能源草”是新型的草种，它更适合于匈牙利的自然状况。匈牙利地处北欧，土地多为盐碱地，一般的草种植下来成活率并不是很高。而这种新型“能源草”就是由盐碱地里的草种和中亚地区的一些草种杂交改良而成。它对土质和气候的要求都不高，耐寒、抗冻，适合在匈牙利的盐碱地里进行种植。

“能源草”的生长期短，产量却很高，每公顷每年可产干草 15 至 23 吨，当年种植第一茬就可收获 10 至 15 吨，产草期长达 10 至 15 年；能源草压缩成草饼后的燃烧值接近或超过槐、橡、榉、杨木，而种植成本只有造林的 1/5 到 1/4，燃烧后产生的污染物也很少，符合环保的要求。能源草还可以作为马牛等牲畜的饲料，和木屑混合后制成的纤维板也能用来制造家具和建筑材料。

能源草并不是一种植物草的名称。其多为一年生高大草本植物或半灌木，包括甜高粱、柳枝稷、芒属作物等高大草本都是理想的能源草。能源草多为耐旱、耐盐碱、耐瘠薄、适应性强的草种，种植和管理简单，在干旱、半干旱地区、低洼易涝和盐碱地区、土壤贫瘠的山区和半山区均可种植。以“能源草”作为生物质能源的原材料成本低、效率高，不占用耕地，可利用山坡地，兼具水土保持的功效，燃烧后产生的污染物也很少，可有效减轻温室效应、降低环境污染。据测算，一亩巨菌草的发电量相当于4吨煤的发电量。

生物质能是一种可再生绿色能源，可以替代化石能源。使用生物质能不仅可以缓解煤炭、石油的供应压力，还能降低大气污染。

目前的生物质能开发利用大致有三条途径，一是利用甜高粱、甘蔗和木薯等非粮食能源作物，生产燃料甲醇、乙醇替代汽油。二是利用大豆和油菜籽等油料作物、油棕和黄连木等油料林木果实、工程微藻等油料水生植物以及动物油脂、废餐饮油等为原料制成的生物柴油。三是利用生物质发电、沼气工程和生物质固体成型燃料。

环保造就新旅游景观

南非有两处著名的旅游景观，位于著名的旅游城市开普敦。一处是企鹅滩，一处是海豹岛。这两处旅游景观每年都会吸引很多的来自世界各国的游客，让人们领略到来自大自然的神奇生命力。这都要归功于南非政府和民众对环境的保护，吸引来了大量人类的朋友——企鹅和海豹。

非洲企鹅是非常珍贵的企鹅品种。在20世纪初，非洲企鹅的数量约为150万只，到20世纪末非洲企鹅的数量就已锐减了90%，而且仍在继续减少。在开普敦东海岸的西蒙镇，有一个被称为“漂砾”的小海湾，1982年，2只非洲企鹅来到这里安了家，当地居民自发地进行保护，随着企鹅数量的增加，政府和动物保护组织又将这里辟为自然保护区，经过20多年的繁衍，这里的企鹅数量已超过 3 000 只。

海豹岛是坐落在开普敦豪特湾海域中的一个礁石岛。来往的渔民发现经常有海豹在这块礁石上晒太阳，他们没有对这些唾手可得的渔货动心。偶尔，过往的渔船还经常抛下捕到的小鱼，给这些海豹喂食，于是，这里的海豹越聚越多。

今天，如果幸运的话，你还能看到海豹追随渔船讨要鱼吃的有趣场面。在当地居民和政府的保护下，企鹅滩和海豹岛已成为世界闻名的旅游景点。

美国大学兴起自行车热

安娜是一位来自加利福尼亚州的大学新生，在她到大学报到的时候，她领到了一把宿舍钥匙、一张课表，还有一个不同寻常的“礼物”——一辆价值480美元的自行车。

骑自行车来解决在大学校园里的交通问题的确是个好主意。对此，越来越多的美国大学管理人员和学生都有同感。美国大学决定向新生免费提供自行车，但必须要遵守学校的一项规定，就是要学生把自己的爱车留在家中，不可以开车上学。同时，还有一些其他的政策措施，比如说，建立免费自行车使用计划，设立租赁自行车的服务，还有一些大学和自行车商店合作，向购买自行车的学生提供优惠政策。

老师们认为，因为学校毕竟是学习的地方，在校园里发生争抢车位、拥挤堵塞的情况，实在是大煞风景，不符合学校的学习风气。因此，发放自行车的举动首先得到了老师们以及学校管理者的认可。通过这一活动，安娜所在的大学车辆比上一年减少了一半，校园也得到了一点宁静的空间。学校表示，要将这样的计划坚持下去。渐渐地，学生们也能体会到了骑自行车的好处。安娜表示，骑自行车可以锻炼自己的身体，而且不需要给车加油，也保护了环境。如果开车，就需要申请停车证，出了事故还需要修理，可是学生并没有那么多的钱。如今，已经有越来越多的学生放弃了爱车，而选择了自行车。在美国的大学校园里，兴起了一股高涨的自行车热潮。

巴西漂流屋

巴西有座建在水面上的房子，被称作漂流屋。

这所房子建在巴西里约热内卢的一个贫民窟的水沟上。房子完全是用废旧物品制成，房子的围墙是用数百个空的饮料瓶制成，其他部分也都是用捡来的建筑材料补充，屋内的家具都是从垃圾堆里捡来的。这所漂流屋的总造价只有170美元，主要是用于购买水泥和屋顶材料。自漂流屋建造成功以来，得到了巴西政府部门的极大认可，被里约热内卢政府作为了宣传资源再利用的最佳典型。

漂流屋顾名思义就是屋子在水上漂流，很有情趣。屋子可以像船一样在水上穿行，两岸的树木倒映在水中，随着竹屋的漂流也向后漂去。漂流屋已经回归了大自然的怀抱，为了美化环境，屋子的设计者想出了解决垃圾的办法，在漂流屋的底部固定上了一层有过滤作用的网，这样屋子的垃圾就不会排放在河面上了。这样才算是真正意义上的环保漂流屋。

瑞士人的“新年礼物”

新年来临的时候，收到新年礼物是很自然的事情。然而在瑞士，日内瓦的所有居民都收到了一份同样的礼物——挂历。这是一份来自于瑞士日内瓦环境与安全部下属的垃圾处理场的特殊礼物。

这本挂历有着很特别的内容，挂历的一面是月历，在每一个日期的下面空白处都明确地标出投放日常垃圾的时间和地点，因为按照生活垃圾、可回收的各类废弃物、旧家具、旧电器、污油等分类的不同，进行投放的时间和地点也是不同的，在挂历上标注一目了然；另一面印着的是与环保相关的小知识和相关资料，教会人们如何在平时的生活中做到细致入微的环保，比如教导居民怎样在家里对日常垃圾进行分类，外出遛狗时怎样防止家犬伤害行人，怎样处理宠物的粪便，行人和车辆怎样尊重残疾人等。最后在日历的附页中，还印有日内瓦州、市颁布的环保政策与法规、环保部门的工作情况、历史上当地发生的大规模环境污染事件回顾、垃圾处理场开放日的活动介绍等等。通过这本挂历，日内瓦的居民就可以按照上面的提示，进行垃圾分类、分时投放，同时注意生活中点点滴滴的环保行动了。这是一份非常体贴的新年礼物，生活中不可或缺的环保指南。

过去的瑞士，也曾经发生过重大的环境污染事故。在几十年前，瑞士的湖泊也曾布满了垃圾，河流被化学工厂污染。然而今天随着社会的发展进步，人们环保意识的增强，过去的状况已经不复存在。瑞士政府十分重视对人们环保意识的培养，总是不定期的举办一些环保的专题讲座，垃圾处理场每年举办开放日，环保部门定期举办环保宣传日，每年有自发的清洁河流、湖泊日，中小学校有专门的环保课。环保的意识已经深入人心，这样的新年礼物，深得瑞士人的喜爱。这份礼物已经超出了挂历的本身价值，这更是为环保而树立的一面旗帜，提醒着人们时刻不忘环保，人人以保护环境为荣，以破坏环境为耻。

附赠奖金的环保车

瑞典的汽车数量很多，汽车尾气造成了空气质量的下降。瑞典政府为此痛下决心，加大环保力度，并拿出了约2.5亿瑞典克朗的资金作为购买环保车的专项奖金，希望以此可以提升环保车的销售数量，减少空气中的二氧化碳的排放量。

这些环保车主要是一些二氧化碳排放量低于120克的汽油车、电动车以及混合动力车。环保车的价格比普通的汽油车价格要略高一些，政府为了鼓励人们购买环保车才想出了这样的举措。每个购买环保车的瑞典人都将会得到1万瑞典克朗的奖金，大约相当于8 400多元人民币。瑞典的环保大臣这样说，为环保车设置奖金是瑞典减少空气中二氧化碳排放量的措施之一，要让人们体会到环保的好处，同时也包括金钱方面。

这一政策实施后，取得了很好的效果。半年的时间里销售出了两万多辆替代能源车，比以往同期增长了25%。瑞典成为世界上环保汽车销售最好的国家。

瑞典是全球推行绿色能源的典范国家，一辆辆准备载客的公交车，都用白色油漆写上“生物酒精”或“沼气”字样，代表使用的不再是排放大量二氧化碳的石油，而是从植物里萃取的生物酒精，或是从废弃物中提炼出的沼气。这样的公交车在全市有数百辆。走进无人服务的加油站，三台加油机中有一台贴上大大的“E85”标志，这就是可减少二氧化碳80%排放量的清洁燃料，价格比一般汽油还要便宜。自行车的普及率也相当可观。在斯德哥尔摩的市区里，每天会有10万人骑车上下班，单程距离平均为10公里。为此，很多公司都在办公室设有淋浴，让骑车后汗流浃背的员工冲洗完身体再工作。人们更崇尚健康绿色的出行方式。现在，瑞典还在为研制新型的绿色能源而努力着。相信这种看似“复古”实则“现代”的生活方式，最终会实现瑞典“无油国”的目标。

购新车先交回收费。报废汽车的回收再利用是日本循环经济的一项重要内容。日本是一个汽车大国，全国拥有7 000多万辆汽车，每年淘汰超过500万辆。由于不愿意承担报废汽车所需的回收处理费用，许多人将报废汽车随处乱扔，不仅影响了市容和交通，没有经过处理的有害物质也对环境造成不小的危害。因此，日本规定在购买新车时应先将回收费用支付，以此来控制对废旧汽车的随意处置。

绝对创意的环保罐头

芬兰人离不开鱼，就像俄罗斯人离不开伏特加一样。芬兰人的饮食习惯就是食不可无鱼。这和芬兰特有的地理环境有着不可分割的密切关系。芬兰有着蜿蜒绵长的海岸线，有着数量众多的湖泊，水产资源十分丰富，是一个盛产鱼的国家，被称为“千湖之国”。

对于鲑鱼，芬兰人更是情有独钟，用桦木夹板将鲑鱼夹住，放在火上烘烤，味道十分鲜美。多少年来，芬兰人都是在这样熟练地重复着这一动作，但却给芬兰的天空带来了很多的烟雾缭绕，给环境带来了严重的污染。芬兰的森林覆盖率占其国土面积的60%，烧烤也带来了森林火灾的危险。现在，这一情况得到了解决，芬兰人想出了一种十分特别的鲑鱼罐头，这种鱼罐头是用桦树皮做的包装，在罐头的底部有一个小小的三角支架，把罐头放在地上从底部点燃，等待二至三分钟，待罐头的外皮完全燃尽后，就会有一条完整的烤鲑鱼展露在面前。而且还是新鲜出炉的啊！这真是绝对有创意的环保罐头，得到芬兰人的极大欢迎。

芬兰的环保在全球都是位于前列的，芬兰人有着很强的环保意识。他们认为环保绝对不是强制行为，而是自觉地保护自己的生存空间的行为。芬兰人总是为了环保而想出很多新点子。这种独具匠心的鱼罐头，真的是让全世界的人都跌破眼镜，原来鱼罐头还可以这样吃啊！但同时更加感叹的是，芬兰人为了环保而做出的努力、花费的心思。

限制钓鱼的卢森堡

卢森堡是一个美丽的国家，那里山清水秀、气候宜人，鸟语花香、人杰地灵。然而这样一个美丽的国度却并没有开发它的旅游业，来到卢森堡的人大多都是为了金融业务而来，并非为了这美丽的景色。主要原因就是卢森堡怕太多的旅游者会破坏当地的自然环境。

卢森堡的自然环境就好似世外桃源，森林茂密、河水清澈，拥抱自然、亲近自然，卢森堡的人们非常珍惜现有的生存环境。为此，卢森堡制定了很多的规定来约束人们的行为，限制钓鱼就是其中的重要一条。

卢森堡的河水清澈见底，鱼儿欢快地在水中畅游，但却很少能看到有人在水边垂钓，因为卢森堡对钓鱼有着很严格的制度规定。如果想钓鱼，首先必须要到政府有关部门填写申请表以及个人信息，同时还要支付一定金额的申请费。在这之后此部门会对申请者进行培训，教你识别各种不同的鱼的种类和熟悉本国各个河段。垂钓者必须牢牢记住哪个河段是可以垂钓的，哪个是严格禁止的；哪种鱼类是可以垂钓的，哪种鱼类是不可以捕捉的，即使鱼儿上钩也要重新放生。同时还要记住禁止垂钓的季节，如果是鱼苗生长期就决不允许垂钓。了解了这样的相关知识，申请者还要参加考试，考试合格后才可以获得国家颁发的垂钓许可证，才可以进行垂钓。可是，在这漫长繁琐的申请过程后，申请者的热情就会降低到谷底，哪还有心思钓鱼了呢？人们逐渐对垂钓丧失了兴趣，更喜爱的是观赏鱼儿在水中自由自在地游。最后仅存的一些垂钓发烧友也是把鱼钓上来后又当即把鱼放生，他们享受的只是钓鱼的这个过程，体会到的却是大自然赋予的生命的灵性。

养鸟亦是如此，卢森堡虽然对养鸟没有明文的法律限制，但是人们也已经不习惯用鸟笼将小鸟圈住。他们认为鸟就应该生活在树林里。但是人们可以喂养鸟儿，每年冬天，一些人家的阳台上会放置一个盛满鸟食的小盆子，为小鸟提供食物，帮助它们解决冬天缺食的大问题。卢森堡人不在家里养鸟养鱼，他们认为鸟、鱼都和人一样享有自由的权利，人们应该做的就是尽力去保护它们，使它们的生活不受干扰。有了人们的保护意识，卢森堡的鸟飞得更高，鱼儿游得更欢，人们的生活环境也变得更美了。

纸尿布也能循环利用

只要人们热爱环保，总能想到环保的办法，即使是生活中不起眼的小东西，只要加以利用也会变成能源，受益良多。

在加拿大，废弃的纸尿布也变成了宝。加拿大的一家大型废品再生公司对纸尿布进行了再生利用，这家企业正在筹建一条生产线，利用高温分解技术将废弃的纸尿布加工成工业燃料。这一想法源自于一位加拿大妇女：养育一个婴儿要使用很多纸尿布，可是又不想造成浪费。一个婴儿从出生开始使用直到脱离纸尿布，大约平均会消费 1 吨纸尿布。于是这家废品再生公司历时数年进行研究开发，通过化学处理将纸尿布分离成纸浆、高分子吸收体和聚乙烯，进行洗净、杀菌处理后，废旧纸尿布又可作为纸张、肥料等来使用。

这一生产线由一个名为 AMEC 的工程项目公司筹建。公司负责人介绍说，所采用的高温分解技术的核心步骤是，在 600 摄氏度的封闭环境里加热废弃纸尿布，使其先后实现热分解和碳链分解，最终转化为燃料。整个加工过程将完全封闭，不排放废气，生产出的“尿布燃料”能用于多种工业生产。装备这种新生产线的燃料工厂将设在蒙特利尔地区，预计一年半内投产。由于这种“尿布燃料”属于可再生能源，因此通过高温分解技术生产此类能源在加拿大正日渐兴起。

在荷兰也同样如此，一家养老院里很多的老人们都使用大量的纸尿布，养老院为了处理纸尿布，与一家大型废品再生公司签有合同，该公司的废品回收人员会每周两次来养老院，回收放在专用红色大箱子中、装满用毕纸尿布的垃圾袋，而回收费和处理费则由养老院支付。荷兰国内 65%的养老院委托该公司回收纸尿布，行政部门也在住宅区设置回收箱，回收费用由行政部门负担。

这样的废品再生公司已经得到了越来越多人们的认可，人们总是不惜自己支付回收费，也要与废品再生公司签订合同，公司定期派人来收取废品，这样解决了人们生活中的废品堆积问题，同时也有利于环保。利用更多可利用的再生资源在生活中循环利用，这才是真正的环保举措，因为环保与节俭本身就是一对不可分的姐妹，当人们节俭有序地利用身边的资源时，也是在为环保尽力。希望科技的发展能够让废品发挥更多的余热。

以色列滴灌出绿色沙漠

以色列有一半以上的土地是沙漠和戈壁，水资源很困乏。要想在这样的地理环境下创造出属于以色列自己的绿洲，这是所有以色列人的共同愿望。但是在沙漠地带，降水量非常少，蒸发量却大得惊人。在这样的环境下，就是人的生存都面临着极大的考验，若想在沙漠上种庄稼，长出绿色的蔬菜，那真的是奇迹。

可是这种奇迹就是在以色列变为了现实，不但种出了庄稼，还种出了蔬菜、水果和花卉，发展了畜牧业，同时也改变了生存的环境，真正的实现了变沙漠为绿洲。这究竟是怎样做到的呢？这一切得益于该国对水资源的集约高效利用，特别是在沙漠干旱地区发明的令人惊叹的滴灌技术。如果你到花前树下去探个究竟，那么你就会发现树根周边、花丛中、灌木下，一排排手指粗的胶管清晰可见，一滴滴晶莹的水珠如露水般从胶管中渗出，滋润着植物根部的土壤。在各种民用建筑中，都铺设了节水管，生活用水通过这些管道，再输送到花草、树木及粮食作物的根部。只要地上有绿色，地下便有滴管。

安静的生活更环保

在德国，即使是像慕尼黑、法兰克福这样的大城市，也总是静悄悄的。城市里充满了如旷野乡村般的恬静惬意，人们也享受着这样的生活。德国为了减少城市噪音做出了不少的努力。

以法兰克福为例，城市周边有 20 多条主干道，来往的车辆川流不息，然而却还能保持着很安静的状态，这都是缘于德国政府在铺设马路的时候就已经考虑了噪音的问题，选用的建筑材料是“消声混凝土”。这种建筑材料有很强的吸收声音的功效，汽车在马路上行驶声音很小，减少了马路噪音，还人们一个宁静的生活。消声的建筑材料在德国受到很大的欢迎，因为德国的老百姓在日常生活中对声音有很高的敏感度。德国关于噪音的环保有很完备的立法，对于噪音超标的工厂一律要求迁出城市，对于施工单位的工作时间和噪音标准也都有严格的限制。对于居民亦是如此，除了周末，城市居民在晚上的 10 点以后就不可以在家大声说话、唱歌、看电视、搞聚会。如果违反了这项规定，邻居们就可以起诉，弄不好是要吃官司的。即使是在周末搞聚会，也要事先征得邻居们的同意才可以进行。居民们也都是很自觉地遵守着这一规定，在德国的街头巷尾、百货超市，人们交谈都是尽量地把声音放低，保持安静。人们都觉得小声说话是一个人文明素质的标志，人们喜爱这种安静的生活，并为此而继续努力着。

为保护国家公园的生态环境而努力奋斗

巴西的国家公园是充满着南美风情的一片自然净土，在这里生长着亚马逊河流域特有的热带雨林植物，有几百种国家保护动物，甚至还有一些是世界珍稀的濒危物种。巴西对于国家公园的管理非常严格，对公众开放的区域只占公园总面积的5%，每周的星期一还要静园一天。这些都是为了保护国家公园的自然生态环境不被破坏。

在公园内进行第三产业活动必须经过审批，并承担环保责任。同时，每周的星期一静园一天。该国还动员民众参与保护环境的活动。“亚马逊动植园”就是当地政府为普及环保知识而新设的场所。这里饲养了亚马逊地区上百种动物，还有数公顷的原始森林供游人参观。有趣的是，园内的导游却是中小学生，他们佩戴着动植物园标志的胸章，带着游客在园内参观，并一边走一边为游客讲解有关动植物的知识。这些学生是由当地学校组织来这里轮流培训一个月的，他们听取园区技术员详细介绍亚马逊动植物的知识，课后则由学生自己充当义务导游，在实践中巩固课堂上学到的知识，培养他们热爱大自然、保护生态环境的意识。这个动植园开办后，不仅接待了成千上万的游客，更重要的是培养了一代又一代热爱亚马逊的年轻人。库里蒂巴位于两条大河流之间，另有 5 条小河流经该市。在城市建立后的两个多世纪里，人与河是和睦相处的。但到 20 世纪五六十年代，情况发生了变化，移民开始定居在河流泛滥的低凹平原上，人与河水争地，洪灾越来越多。市政府花费数百万美元建造分洪工程亦无济于事。后来市政府实施变抗洪斗争为保护河流的新战略，颁布了一系列严格保护河岸的法律，让人们迁出最高水位以下的居住地，将其变成沿江公园和分洪蓄洪的湖泊湿地。每个湖泊现都已成为供人休闲的新建公园的核心。这种不与河争地，顺应自然的做法果然终止了洪灾。其费用也比传统的修筑堤坝和分洪抗洪花费少。

为了切实保护自然生态，市政府还禁止在公园铺设硬质路面，公园里的步行道多为可渗水的土路；在游人集中的景区、景点，用来远眺的平台则使用架空的网状金属装置，可透光、透水、透风。所有这些措施，既是为了保护自然系统的健康性和完整性，也是为了维护城市的水资源循环，使雨水落下后能够在原地浸润。

划船探北极

英国的环保人士刘易斯·戈登·皮尤在2008年的夏天于挪威北部划船向1 000公里以外的北极点进发，目的是要宣传环保，引起人们对于北极地区冰层逐渐消融的重视。

近些年，全球变暖加剧，北极的冰川融化速度也是每年剧增，北极熊已经成为濒危物种，因为它的生存环境面临着巨大的考验。英国的这位环保人士刘易斯 38 岁，他关注气候问题，更为北极的变化而担忧，他划船去北极就是想通过这一征程引起各国领导人的注意，认识到北极地区发生的现实。北极的变化速度超出人们的想象，不要让北极在我们的眼中消失。刘易斯这次北极之旅的出发点是在挪威的斯瓦尔巴群岛，那里距离北极有 1 000 多公里，刘易斯计划每天划五个小时的船向北极进发，在船的后面还有一条保障船紧随其后。

英国的这位环保人士经常有惊人之举，在 2007 年的时候，他就曾经穿戴泳帽、泳裤和护目镜在北极地区零下 1.8 摄氏度的水中游完 1 公里，成为在北极游泳的第一人。

绿色情人节

每年的2月14日都是一个充满浪漫的节日。人们总是用粉红色来形容浪漫，鲜花、美酒、礼物是每对情人传递感情的必要物品。在英国，为了宣传环保，一家环保组织宣称：最浪漫的颜色应该是绿色。呼吁英国的情人们能过一个绿色的情人节。

为了度过一个浪漫而特别的情人节，情侣们都绞尽脑汁地想着各种方法以给情人一个最大的惊喜。英国的媒体也在广泛地做着宣传，声称："如果你想做一个好的爱人，那么开始考虑你的浪漫对环境的影响吧。"许多环保主义者已经深刻认识到，情人节人们交换情谊的方式应该有所改变，换一种更加环保的方式。首先应该改变的就是互送贺卡，人们可以用电子贺卡来代替纸质贺卡。纸质贺卡的大量生产，会带来很多的环境问题，减少购买人群才是解决问题的关键所在。“如果想送给你的情人一份礼物，为什么不选择一份既浪漫而又环保的礼物呢？”于是，人们纷纷放弃了层层包装的精美礼物，而一些用环保材质制作的礼物得到了人们的普遍青睐。还有一些人们选择在情人节这一天送给心爱的人一张电影票或者戏票，这是绝对的“零浪费礼物”。有些人选择在情人节这天来一次突然的旅行，在旅途中感受情人间的甜蜜与温馨。多种多样的情人节礼物，被人们采用，还有很多人仍然在苦思冥想，想尽可能地想出最最独特的情人节礼物，绝不要与他人雷同。有人想出了最为实际的做法，就是要给心爱的人亲手做一顿丰盛的晚餐，但是也不忘记不能有太多的剩饭，不能浪费粮食，尽量减少生活垃圾。人们已经清醒地认识到人类的浪漫不能让地球来付出代价。

英国的某个环保网站，公布了一张环保清单，其中列出了一系列“绿色情人节礼物”：

送电子贺卡，或以用过的包装纸为原料自制贺卡；

不买花束，买盆栽的玫瑰，这样可以让植物继续生长；

如果确实收到了花束，那么别忘记情人节过后把它们制成堆肥；

如果想送巧克力，买包装最简单的；

购买“零浪费礼品”，如戏票或音乐会票，还可以安排一次令对方惊喜的旅行；

购买可回收材料制成的礼物，例如一尊由可回收玻璃制成的小雕塑。

希望人们能够通过这样的提示想出更多的环保办法，使每一个情人节都过得既温馨又环保，让情人节从此留下绿色而浪漫的一笔。

让节水成为一种个人修养

美国是一个水资源相对丰富的国家，人均占有量居世界第59位。丰盛的水资源，低廉的水价，并没有让美国人忘记节水。频频肆虐的干旱，更提高了人们的节水意识。保护水资源已成为个人素质高低的重要标志。

因为，美国水资源丰富，但旱灾对农业、能源、运输等造成的危害仍非常大。旱灾使美国人形成了强烈的节水意识。美国家庭用水和污水处理花费为年均474美元，按占家庭总收入的比例计算，在所有发达国家中是最低的，其中，美国家庭节约用水功不可没。这当中除了政府的管理细致到位外，国民把节水当成一种有教养的表现并融于社会文化中则是一个更为重要的原因。

美国水费非常便宜，普通人家每月的水费甚至低于中等工资收入者一个小时的工资，但人们把节水看成是一种修养，是个人素质的表现。家庭中人们有意识地防止浪费水，公共场所如车站、机场、政府办公大楼等几乎看不到任何用水的地方有漏水现象。公共场所的水龙头多数都是红外线自动控制的。美国人爱管“闲事”，如果有水管漏水，立刻会有人向有关部门打电话反映。若得不到及时修理，他们会通过其他途径投诉。

每到春秋户外活动频繁之际，各类与水有关的民间机构就会经常组织学生参加节水、保护水资源的活动。美国各市也开展各种各样的教育活动，动员居民自觉节水。美国各城镇和社区都有水资源管理协会、环保组织等非营利机构，它们除了散发宣传材料，还举办各种讨论会、展览，提高人们的节水意识。

在美国各州，政府各级部门在联邦环保署的敦促和协调下，都制定出针对本地区的有效利用水资源的计划。盛夏缺水时，华盛顿市就出台过临时法律，禁止人们在某一时间段内给自家草坪浇水，一旦发现立即罚款。

应该承认，在有效利用水资源方面，美国的做法比较成功。究其原因，与其说是政府管理细致，不如说是国民节水意识强烈。人们已将节水和环保紧紧联系在一起，而重视环保已成为体现美国民众文化修养程度高低的重要标志之一。

节约用水会算计

水资源是地球上的重要自然资源，也是亟须人类加以保护的资源。地球上的水是有限的，淡水资源更是不可缺少的。美国人均拥有的水资源量是我们的十几倍，但在宾馆的床头柜上都会放着这样一个卡片：“美国宾馆每年需要1 800亿加仑的水，而这些水大都用在了洗涤上。那么，您能否减少床单洗涤的次数？如果您愿意，请将卡片放在床头。”走进浴池，又会看到这样的警示：“如果不是特别脏的话，您能否用毛巾擦拭一下身体而不是拧开水龙头？”

垃圾银行

垃圾和毒品是泰国首都曼谷的两大“癌症”。据世界银行数据，除了新加坡之外，曼谷是东南亚人均垃圾制造量最高的城市，平均每人每天制造了1.3公斤垃圾。可走进曼谷市热闹的班加比区的苏珊26社区，令人惊讶的竟然是不再到处是垃圾，也很少再见到吸毒少年的踪迹。这大概归功于这里设立的“垃圾银行”。

苏珊26社区专门鼓励区内闲游的少年儿童去搜集垃圾，再教他们依照垃圾分类法把垃圾分类装袋，然后交给垃圾银行，他们因此所得的金额都要储存在垃圾银行里，每3个月计算一次利息——只是利息不是现金，而是上学必需品。

在一家垃圾银行里，人们可以看到挂着的利息明细表：存款超过100泰铢，利息是一个水壶；存款在31至100泰铢间，得袜子一双；存款在21至30泰铢间，获铅笔、削铅笔刀、书本和胶水各一；存款在11至20泰铢的，铅笔和削铅笔刀各一；存款在10泰铢以下的，可获一支铅笔。垃圾银行的“客户”若急需缴纳学费，还可向垃圾银行贷款，再以垃圾还债。这种鼓励居民和孩子搜集垃圾和教导垃圾分类的措施实施后，社区内又设置一个“某社区物品再生中心”，专门向垃圾银行收购垃圾，每日公布各种垃圾价格。

曼谷社区垃圾物品再生中心负责人表示，这种“寓教育于拾垃圾”的工作，可以使社区内闲逛的孩子不再把时间误用在吸毒或贩毒上。物品再生中心用赚得的利润设置了学生奖学金，鼓励学生认真学习，也是另一意想不到的“垃圾功能”。而这样做的最大的好处是，这个社区内垃圾大减。未设置物品再生中心前，社区内总共有26个垃圾桶让居民放置垃圾，曼谷市政府垃圾车每日都要来收取，否则会臭气冲天。如今只剩下16个垃圾桶，曼谷市政府每周只需来收取一次。奖学、助学，把优美的环境还给社区，同时更把健康的心态留给孩子，无论对学生对社会对现在对将来都是积极的健康的。

绿色火力发电站

日本四国岛是日本四大岛中森林覆盖率最高的一个岛。德岛县的阿南市，便是位于四国岛东侧的一个美丽小城，小城附近有个湛蓝的海湾——橘湾，橘湾火力发电所便建在这个海湾里的一个面积约100多公顷的小岛——小胜岛上。

这座发电站建于1995年，总发电能力为280万千瓦，年消耗煤炭约620万吨，所需煤炭全部进口。走进发电站，令人感到奇怪的是：整个电站边边角角，上上下下，竟找不到一点儿煤和煤灰的影子。

原来，煤从海外运来，煤船一靠码头，一船煤便通过密闭的输送管道被送进直径50米、高70米的巨型全封闭式煤库里，这样的煤库共12座，相互间都有管道相连。这些煤又通过管道被送进粉碎机，成粉末状后被吹入巨大的锅炉内。整个过程都是在全封闭状态下进行的，而且煤库、输煤管道等的外层还加有防尘罩。难怪见不到散落的煤块。

不仅发电站内见不到煤，在室外也听不到机器的轰鸣。虽说发电站采用的是低噪音机器，但走进燃煤锅炉房依然听到巨大的轰响声，但只要一跨出锅炉房，轰响声立刻变得遥远。因为地基以及室内四壁及顶部都采用了吸音材料。

另外，无论在电站周围还是在站区内，你嗅不到任何煤炭燃烧后的气味。那是因为在锅炉房里充分燃烧后产生的煤烟经过了脱氮、吸尘、脱硫等三道关之后，排出的烟雾已经成为近似于水蒸气的低公害气体。其中，煤烟通过脱氮装置时，80%的二氧化氮都被分解；再过第二道关时，99.5%的灰尘被“电动集尘器”截住；过第三关时，94%的硫通过和化学药物发生反应变成了石膏。

昼夜燃烧不停的巨大锅炉，无时无刻不在产生煤灰，它每年排出的煤灰有 86 万吨。然而这些煤灰一半委托水泥厂拉走做了水泥原料，另一半被用船运走处理掉，对电厂的环境丝毫不产生影响。一个燃烧煤炭的火力发电站看不到煤、见不到灰、闻不到呛人的煤气、在室外听不到隆隆的机器声，这座火力发电站，堪称与环境相协调的典范。

英国女子独舟横越太平洋呼吁环保

英国38岁的女子罗兹·萨维奇在伦敦泰晤士河上训练，为的是要独自划艇横越太平洋。萨维奇独舟横跨太平洋的总行程为10 800公里，计划平均每天航行48公里，启程后约2到3个月内到达美国夏威夷。之后途经南太平洋岛国图瓦卢，最终到达澳大利亚。

对于即将开始的漫漫航程，萨维奇说最初的100公里将是最艰难的一段，“我要对抗晕船、疲劳等问题，现在看来，还有可能要对付从西南刮来的大风以及阵雨。”萨维奇曾经是一名信息技术顾问，辞职后一直致力于航海事业，曾经驾驶一艘轻型划艇，成功横越大西洋。这次最终开始其徒手划艇横越太平洋的征程，如果航行成功，萨维奇将成为世界上第一位独自划艇横越太平洋的女性。

此次独舟横越太平洋，是萨维奇挑战自我的又一壮举。虽筹备已久，却一波三折。她 2005 年 7 月 19 日第一次宣布起航前，就已经因为海水过滤器发生故障而推迟过行程。海水过滤器是把海水过滤成饮用水的装置，假如它在出海后发生故障，萨维奇就必须每天花 4 个小时的时间用手压泵“制造”饮用水。而从 2005 年 7 月 19 日到最终启程，行程又因风、潮和海浪的影响两度延后。其间，萨维奇曾在她的博客中如此表述：“我早已做好出发的准备，但直到现在我还窝在岸上，这真有点让人难堪。我希望能尽早启程。”

萨维奇此行目的，是为唤起人们对海洋环境保护的重视。她计划驾艇至北太平洋环流南端。北太平洋环流是总面积 3 400 万平方公里的顺时针涡流，因漂浮有大量垃圾，有“大太平洋垃圾场”之称。萨维奇计划在个人博客上每日发表航海日志，每周发布航海视频。为了如实记录下航行中观察到的太平洋海洋污染现状，萨维奇在艇上专门配备了高端设备，如装在防水箱中的手提电脑、数码相机和全球定位系统等。在白天，数码相机平均每 48 分钟就会自动拍摄一张照片。谈及拍摄这些照片的目的，萨维奇说：“我要惊醒那些生活得满足又安心的人们。人类总是着眼现在，不能放眼未来。”

法国发起5分钟停电节能活动

在联合国政府间气候变化专门委员会（IPCC）召开会议之际，法国数十家环境组织联合发起倡议，希望全体法国公民及机构2007年2月1日晚关灯断电5分钟，借此向浪费能源行为宣战。

据活动发起者和组织者之一法国“保护地球联盟”介绍，活动于 2007 年 2 月 1 日晚 19 点 55 分至 20 点之间进行。截至目前，首都巴黎，以及南部重要城市马赛等已经表示积极参加。在巴黎，埃菲尔铁塔届时将关闭所有照明设备，与此同时，巴黎市所属的博物馆和建筑物也将拉闸断电。当晚，法国供电网将对倡议在国内的响应情况进行调查统计。

该联盟表示，他们的倡议原本是国家性的，但由于一些网民的积极参与，而成为了一项国际性行动。比利时、巴西等国家的一些城市也参与了这一活动。“保护地球联盟”强调，这虽是一个象征性的活动，但意义非常重大，它能够提醒公众、媒体以及决策者意识到浪费能源的危害，从而积极参与对抗气候变暖的全球性行动。2 月 1 日晚，“灯火之都”巴黎的标识性建筑埃菲尔铁塔上的 2 万盏灯就全部熄灭了。

为了鼓励市民节约能源，美国也于 2007 年 10 月举行了停电活动。停电活动从当地晚上 8 时开始，9 时结束。洛杉矶、旧金山等城市参加了该项活动。在洛杉矶，市政府各部门在规定时间关闭了电灯，洛杉矶国际机场也关掉了非必需使用的电灯。市民们则根据自愿原则，关掉家中不使用的电灯，或在此前将白炽灯换成节能的荧光灯。

2006 年欧洲大陆的许多国家都遭遇了三十多年来的最严重的停电，这一方面是电力供应有漏洞的表现，但更让人们认识到节约用电、保护环境的重要性。联合国政府间气候变化专门委员会上的气候变化评估报告指出，气候变暖已经是“毫无争议”的事实。专家们预测说，从现在开始到 2100 年，全球平均气温的“最可能升高幅度”是 1.8 摄氏度至 4 摄氏度，海平面升高幅度是 18 厘米至 59 厘米，而造成这一趋势的原因“很可能”即至少有 90%的可能是由于人类的活动。

日本节水从细节做起

日本人的节水意识已经渗透到了生活的方方面面，在日本东京的一户人家里，浴缸里的泡澡水要反复用上多次。厕所、浴室、厨房里，到处有节水设备的影子，从学校到博物馆，节水知识的普及和节水意识的教育随处可见。

在家庭生活中，日本人十分注意节水。电视台经常播放一些节水的节目，介绍的都是如何在日常生活中从小处节水的知识。如洗完菜后要注意先关水龙头，然后再把菜放好，而不是先把菜放好再来关水龙头；做油炸食物后锅里沾满了油，洗起来很费水，要先用纸把油擦净后再用水洗，这样既可以节约用水，又可以减少对水源的污染。同时，吸了油的纸作为可燃垃圾，燃烧时可增加回收的热量。日本人很喜欢泡澡，但泡澡在日本并不是一件费水的事情。因为，日本人泡澡是先用淋浴洗干净，再去泡的，而且一家老小都用那一缸水泡，泡完以后还有专门的盖子盖在浴缸上，第二天只需加热，又可以再泡了。日本宣传节水非常用心。在许多用品上都有宣传的标志。例如，学生使用的铅笔、尺子上印有“节约用水”，家庭主妇用的围裙上也带有节水标记。小学四年级课本里，有水的知识和节水内容，中学课本里介绍大量的“水和人的生活”资料。日本有个“节水日”，就在每年的 6 月 1 日儿童节这一天。这也许是为了说明节水事关子孙后代，要从娃娃抓起。东京还有一座很有特色的“水道纪念馆”，让人们了解水来之不易。

日本的各大企业都在竞相开发节水产品，如节水洗碗机、节水洗衣机等。有的洗碗机从各个角度喷出细细的水流，用水量仅为用手洗碗的几十分之一。一家公司开发的洗衣机，滚筒上方呈斜面，可节约一半的用水，深受人们的欢迎。另外日本的洗衣机还有一项“用洗澡水洗涤”的功能，浴缸可以连接到洗衣机上，用泡澡水洗衣服。

日本的公共厕所更加有节约用水的特点，有很多地方冲洗厕所用的都是再生水，大多是工厂废水循环利用。再生水不能像自来水那样直接饮用，并且颜色发黄，但用来冲洗厕所不成问题。这种使用再生水的厕所多被利用在高速公路休息站。日本还有一种特别的“生物厕所”，这个厕所没有废水，冲洗厕所的水经过处理后反复利用，在日本举办的世博会上首次亮相并付诸使用就节约用水 1 000 多吨。当然，像这样的厕所成本很高，现在很难普遍被人们使用，但至少体现了日本人的节水意识，预示了未来节水的方向。还有一个很有意思的现象：日本人如厕的时候很不好意思被别人听到声音，因此喜欢在如厕的同时放水，以掩盖声音。为了达到既节水又不尴尬的目的，日本公共厕所里都安装有一个“音姬”，一按就可以发出冲水的声音。全世界的厕所恐怕只有日本有这样的设备吧。

日本的水龙头大多有伸手即出水的自动感应装置，不少水龙头是像淋浴喷头那样通过许多细孔喷水，这样既可满足洗手用水，又不浪费。总之，日本人节水注意从细节做起。

日本人还想出了利用雨水的办法，用导管把屋顶的雨水引入设在地下的雨水沉沙槽，然后流入蓄水池，然后提升到中水（再生水）道里，供冲洗厕所等使用。与中水道、工业废水处理场相比，雨水利用设施的有利之处在于规模小、技术处理简单、维修容易，而且水质较好。东京都、大阪府、福冈市等不少地方政府都相继制定了条例，通过各种办法积极促进对雨水的利用。

超市购物自备包

在德国首都柏林，几家普通民众最爱光顾的大型超市“利德尔”、“阿迪”、“雷阿尔”都在交款台的下面准备了各种各样的购物袋，并在每种购物袋上面标明了不同的价位，最便宜的塑料袋也要0.15到0.25欧元（大约相当于人民币1.5元到2.5元），纸袋的价格稍高，要0.3欧元左右，布兜最贵，要0.4到0.5欧元，各家超市购物袋的价格都不同，但差距都不大。值得一提的是，纸袋上面的右上方都会标明一个“环保”标志，表明该纸袋是可回收纸袋，而布兜上面则会画着一颗绿树的图案，环绕着绿树还用德语写着“行动起来　爱护环境”的字样。

顾客可以在交款前自行选择是否采用商家提供的购物袋，

但是，大部分的柏林市民都不会选择买超市的购物袋，尤其是一些家庭主妇。她们都在交款后就从包里拿出自己准备好的袋子，或者直接把购物车推到停车库，把商品放到自己的车里。有意思的是，在柏林还能经常碰见一些老太太还提着个篮子或者推着个类似婴儿车的小推车去超市，她们也从来不会在超市里拿那些“价格不菲”的塑料袋子。

同样，在法国的大街小巷走一走，就会发现小拖车的大众化。在城里生活的人大多喜欢在自家附近采购生活用品。可是买了一大堆吃的、喝的、用的怎么往家里拿？最好的办法就是用小拖车。

首先，在城里，停车是个大问题。很多便民小超市和菜市场都没有停车场。其次，拉小拖车比拎塑料袋省力。拎几个沉甸甸的塑料袋回家，手心都会被勒出红红的印迹。第三，法国人很喜欢在购物之余到咖啡馆喝一杯或者去服装店转转，而不是直接回家。这时小拖车又发挥了优势：主人只要放到店铺的一个角落，就可以去品咖啡或者试衣服。而开车的人却会为找不到停车位而烦恼，提着几个沉甸甸的塑料袋的人也不可能稀里哗啦地把采购的商品扔在地上或者凳子下面。

瓶装水成为美国社会公敌

说起瓶装水，很多人首先想到的是干净和健康。然而，美国的环保人士如今却把瓶装水当做了最新的“社会头号公敌”。这是因为，美国的瓶装水销售额每年以接近10%的幅度增长。与此同时所带来的垃圾数量也在逐年攀升。美国社会呼吁美国人重新喝自来水的呼声已经越来越高。

现如今，美国的人均饮用水消费量已达到每天400升，一些美国消费者一年可能要花1 400美元来喝瓶装水。事实上，美国的瓶装水并不都是矿泉水。越来越多的美国人开始抱怨，自己花很高价钱买到的瓶装水，和普通的自来水根本看不出有什么区别。在公众的巨大压力下，美国一家大型饮料公司，不得不公开承认该公司的一款瓶装水其实就是自来水。无论是矿泉水还是自来水，只要装进独立包装的瓶子里，就变得昂贵很多。而如果改喝自来水的话，同样数量的水大概只要花不到一半的钱。更重要的是，瓶装水的包装浪费了大量资源，而美国地球政策研究所也认为，瓶装水甚至关系到美国安全政策中的一个重要问题：石油进口。根据地球政策研究所的报告，在美国每年进口的原油中，有150万桶被用来制造瓶装水的塑料瓶。如果再算上瓶装水运输过程中消耗的能源，尤其考虑到那些从法国、意大利甚至斐济岛进口的优质水，那么瓶装水对环境的负面影响就更大了。

其实，这些瓶装水并不一定比自来水更好。美国国家资源保护委员会在最近的一份报告中指出：“一项为期四年的研究表明，在美国销售的瓶装水并不一定比大多数自来水更干净或更安全。”于是，美国的一些环保人士展开了反对瓶装水运动，呼吁人们不要迷信瓶装水，这一运动也得到了一些政治力量的支持：旧金山市长已经停止给政府官员提供瓶装水，并让他们直接去喝自来水。美国《纽约时报》也在一篇社论里呼吁：“我们的国家有世界上最好的公共供水系统。然而，我们一年却要消费150亿升独立包装的瓶装水，我们必须开始思考一个问题，那就是这些瓶装水对整个地球的健康带来了怎样的影响。”

环保日历

2月2日　国际湿地日

1971 年 2 月 2 日在伊朗的拉姆萨尔签署了一个全球性政府间的湿地保护公约《关于特别是作为水禽栖息地的国际重要湿地公约》（简称《湿地公约》），它是当时针对一种特定生态系统的自然保护全球性公约。

1996 年 10 月国际湿地公约常委会决定将每年 2 月 2 日定为世界湿地日。利用这一天，政府机构、组织和公民可以采取大大小小的行动来提高公众对湿地价值和效益的认识，特别是对湿地公约的认识。

3 月 22 日　世界水日

水是一切生命赖以生存，社会经济发展不可缺少和不可替代的重要自然资源和环境要素。但是，现代社会的人口增长、工农业生产活动和城市化的急剧发展，对有限的水资源及水环境产生了巨大的冲击。在全球范围内，水质的污染、需水量的迅速增加以及部门间竞争性开发所导致的不合理利用，使水资源进一步短缺，水环境愈加恶化，严重地影响了社会经济的发展，威胁着人类的福祉。

为了唤起公众的水意识，建立一种更为全面的水资源可持续利用的体制和相应的运行机制，1993 年 1 月 18 日，第 47 届联合国大会根据联合国环境与发展大会制定的《21 世纪行动议程》中提出的建议，通过了第 193 号决议，确定自 1993 年起，将每年的 3 月 22 日定为“世界水日”，以推动对水资源进行综合性统筹规划和管理，加强水资源保护，解决日益严峻的缺水问题。同时，通过开展广泛的宣传教育活动，增强公众对开发和保护水资源的意识。

3 月 23 日　世界气象日

“世界气象日”又称“国际气象日”是世界气象组织成立的纪念日，时间在每年的 3 月 23 日。每年的“世界气象日”都确定一个主题，要求各成员国在这一天举行庆祝活动，并广泛宣传气象工作的重要作用。

1960 年世界气象组织执行委员会决定把每年 3 月 23 日定为世界性纪念日，要求各成员国每年在这一天举行庆祝活动，并广泛宣传气象工作的重要作用。每年世界气象日都有一个中心活动内容，各成员国在这一天可根据当年的中心内容，开展多种形式的宣传和纪念活动，如组织群众到气象台站参观访问，举行有政府领导人参加的群众庆祝仪式，举办气象仪表装备、照片、图表和资料的展览，举行记者招待会，由报刊、广播电台、电视台报道特写文章和讲话，放映气象科学电影，发行纪念邮票等。

4月22日　世界地球日

1970年4月22日，由美国哈佛大学学生丹尼斯·海斯发起并组织的环境保护活动，犹如星火燎原。全美国共有2 000多万人参加，约1万所中小学，2 000所高等院校和全国的各大团体参加了这次活动，这一天就成了第一个地球日。

1972年全国人类环境会议在斯德哥尔摩召开，1973年联合国环境规划署成立，此后保护环境的政府机构和组织在世界范围内不断增加，地球日都起到了重要的作用，因此地球日也成为了全球性的活动。

5月22日　国际生物多样性日

《生物多样性公约》于1993年12月29日正式生效。

生物多样性是指地球上的生物在所有形式、层次中生命的多样化，包括生态系统多样性、物种多样性和基因的多样性，是地球上生命经过几十亿年发展进化的结果，同时也是人类赖以生存的物质基础。

5月31日　世界无烟日

1987年世界卫生组织把5月31日定为“世界无烟日”，

以提醒人们重视香烟对人类健康的危害。

6月5日　世界环境日

1972年6月5日-16日，联合国在斯德哥尔摩召开人类环境会议，来自113个国家的政府代表和民间人士就世界当代环境问题以及保护全球环境战略等问题进行了研讨，制定了《联合国人类环境会议宣言》和109条建议的保护全球环境的“行动计划”，提出了7个共同观点和26项共同原则，以鼓舞和指导世界各国人民保持和改善人类环境，并建议将此次大会的开幕日定为“世界环境日”。

1972年10月，第27届联合国大会通过决议，将6月5日定为“世界环境日”。联合国根据当年的世界主要环境问题及环境热点，有针对性地制定每年的“世界环境日”的主题。联合国系统和各国政府每年都在这一天开展各种活动，宣传保护和改善人类环境的重要性，联合国环境规划署同时发表《环境现状的年度报告书》，召开表彰“全球500佳”国际会议。

6月17日　世界防治荒漠化和干旱日

由于荒漠化造成的严重后果及扩展的趋势，引起了国际社会极大的关注，在1992年联合国环境与发展大会上，防治荒漠化被列为国际社会优先采取行动的领域，大会成立了“《联合国关于在发生严重干旱和荒漠化的国家特别是在非洲防治荒漠化的公约》谈判委员会”。1994年6月17日，《公约》的正式文本完成，包括中国在内的100多个国家在《公约》上签字。1994 年 12 月 19 日，联合国第四十九届大会又通过决议，宣布从 1995 年起，每年 6 月 17 日为“世界防治荒漠化和干旱日”。

7 月 11 日　世界人口日

世界人口增长速度不断加快。1800 年为 10 亿，1930 年为 20 亿，1960 年为 30 亿，1974 年为 40 亿，1987 年达到 50 亿，1999 年达到 60 亿。

联合国从 1988 年起将每年的 7 月 11 日定为“世界人口日”，以提高人们对世界人口问题的重视。

9 月 16 日　国际保护臭氧层日

1987 年 9 月 16 日，46 个国家在加拿大蒙特利尔签署了《关于消耗臭氧层物质的蒙特利尔议定书》，开始采取保护臭氧层的具体行动。联合国设立这一纪念日旨在唤起人们保护臭氧层的意识，并采取协调一致的行动以保护地球环境和人类的健康。

10 月 4 日　世界动物日

意大利传教士圣·弗朗西斯曾在 100 多年前倡导在 10 月 4 日“向献爱心给人类的动物们致谢”。为了纪念他，人们把 10 月 4 日定为“世界动物日”。

爱护动物已成为目前世界大环保工作之一。中国从 1997 年开始纪念“世界动物日”。

10 月 16 日　世界粮食日

全世界的粮食正随着人口的飞速增长而变得越来越供不应求。从1981年起，每年的10月16日被定为“世界粮食日”。

不少人的饭量随着口袋里的钱不断增加而减少。鸡、鸭、鱼、海鲜、蔬菜、水果的极度丰富使得人们对于粮食的感情不断地淡化。但是，在全世界的粮食正随着人口的飞速增长而变得越来越供不应求的时候，我们一定要珍惜粮食。